Q＆A形式でスッキリわかる

完全理解 自動運転

Hayashi Tetsushi 林哲史

日経BP社

はじめに

〝自動運転〟という言葉がテレビや新聞をにぎわすことが増えてきました。実際の生活の中で自動運転車を見かけたことのある方はまだ少ないと思いますが、テレビや新聞で、自動運転車のテスト車両や走行実験の様子を見たことのある方は多いでしょう。悲しいことですが、自動運転車が引き起こした事故映像も報道されており、そうした報道に触れるたびに自動運転という新しい技術が日常の中に入り込みつつあることを感じます。

今の時点で言えるのは、〝クルマが自律的に走行する時代〟が確実に近づいていることです。そして多くの方が、自動運転車が社会に大きなインパクトを与えるであろうことを予想すると同時に、自分の将来に関わる出来事として意識し始めているようです。

マイカーをお持ちの皆さんは、「自動運転車は便利そうだな。通勤や塾の送り迎えに自動運転車を使えるなら、移動時間を睡眠時間にできるかも。残業や飲み会の時は職場やお店まで迎えに来てほしいな。飲んだ後もタクシーで帰らなくて済むから経済的。使わないときは他の人に貸せるって話もあるようだけど、きっと私物をたくさん置きっぱなしにしちゃうだろうから、他の人に貸し出すのは難しいかな」と、便利な利用シーンを思い浮かべるかもしれません。

お子さんからクルマの免許取得をせがまれているご両親なら、「クルマは確かに便利だけど、慣れるまでが心配だから、あまり運転はさせたくないわ。私も免許は持っているけど、運転が怖いから身分証明書としてしか使っていないし・・・。ただ、安全性が高い自動運転車を購入できるようになるなら、考えてもいいわね。私も一人で出掛けられるようになるのかな。とにかく交通事故だけは避けたいわ」と、交通事故の被害者になることはもちろん、交通事故の加害者になる危険性もなくしたいと考えていることでしょう。

職場で新規事業を担当されている方なら「自動車産業が大きく様変わりするかもしれないぞ。私の仕事は自動車関連ではないけれど、何らかの影響は出てくるだろうな。運転から解放されるということは、クルマでの通勤時間を〝個室空間でのリラックスタイム〟として自由に使えるようになるわけだから、そこをターゲットとする新ビジネスの競争は激しくなりそうだな」と、自動運転の世界での新規事業の可能性を思い描いていることでしょう。

また、高齢化などの理由で自らの運転で移動することが難しくなっている方なら、「クルマに話しかけて行き先を伝えるだけで、行きたいところに運んでくれるなら、こんな便利なことはない。運転は楽しかったけど、だんだんおっくうになってきたからな。自動運転車が手に入れば、免許証を返納してもいいかな。それにタクシーも自動運転になれば、料金は下がるはず。通院などの外出時に安く手軽に使えるなら、もうマイカーは要らないかな」と、自動運転車の普及・浸透に大きな期待を寄せていることでしょう。

このように自動運転は、交通事故を減らすという大きな目標だけでなく、今の世の中が抱えているたくさんの問題・課題を解決する手段としても期待されています。

ただし、現時点ではそうした期待よりも、「クルマが勝手に暴走して、大きな被害をもたらすことになるのではないか」という不安や疑念の気持ちの方が大きいのが本当のところではないでしょうか。自動運転車の事故報道に触れるたびに、「やっぱりクルマに運転を任せるのは危険だ」「事故を起こしたら誰が責任を取るんだ」「自動運転車が安全に運転する保証なんてどこにもないぞ」

といった声が聞こえてきます。

実際のところ、自動運転はまだ、技術的にも制度的にも開発途上にあり、「自動運転車は安全で便利です」と断言できるまでの完成度は実現できていません。各企業が開発している自動運転技術の能力には大きな差がありますし、経験豊富な企業の技術であっても、「いつでも、どんなところでも、どんな状況でも確実に安全運転できる」という安全性が確認されているわけではありません。

何より重要なことは、社会を構成する私たちがまだ、「自動運転車は便利だから、どんどん活用しよう」という考えにまで至っていないことです。自動運転車関連の事故報道に接すると、「メーカーがクルマを高く売りたいから、高額オプションの新機能として自動運転を宣伝しているだけでしょ」「人工知能にクルマの運転を任せると、事故が起こったときの原因が究明できなくなると聞いている。原因を突き止めて、それを回避する仕組みを組み込めないなら、いつまでも事故はなくならない」といった不安が高まります。

今のクルマ社会は人間が運転することを前提として作られ、発展してきました。残念なことですが、世界中で、毎年多くの交通事故が発生しています。そしてその原因の大半はドライバーの不注意やミスです。多くの人は「人間はミスを犯すから、交通事故をなくすことは難しい」と認識していますが、それでもクルマの利用はやめません。それは私たちが「人間はミスを犯すけれど、いろいろなやり方で事故を減らすことはできる。実際、交通事故は少しずつ減っている。そしてクルマがあることで私たちは生活を豊かにできる。だから、交通事故を防ぐ努力を続け、事故被害者への補償制度を用意して、クルマ社会が生み出す利便性を受け入れよう」と判断して、これを社会制度として確立しているからです。

世界でも日本でも、自動運転の技術開発は急速に進められていますし、被害者救済をはじめとする社会制度の見直しも積極的に議論されています。こうした多くの努力が実を結び、「自動運転車の安全性は万全ではないかもしれない。でも、人間が運転するクルマ社会よりも自動運転社会の方が、安全で、便利で、豊かに生活できそうだ。それなら、安全性確保の努力を続け、事故被害者の補償制度を用意し、安全が確認できるところから限定的に自動運転車の活用を始め、その利便性を受け入れよう」との判断を、私たちがごく自然に受け入れられるようになったとき、自動運転時代が始まるのだと思います。

この本では、さまざまな視点から「自動運転車とは何か」をQ＆A形式で紹介します。二部構成となっていて、第一部では、世界の開発動向を基礎資料に用いて、今の自動運転車とは何かを解説します。第二部は、さまざまな専門分野で活躍されている自動運転関連の専門家の方へのインタビューです。自動運転の未来の姿とそれに向けた課題をお聞きした内容をまとめました。第一部と第二部で内容が重なる部分もありますが、第一部で得た知識をより深く理解するために読み進めていただけると幸いです。

目次

第二部　専門家が見通す〝自動運転の未来〟

Q 高性能センサーがあれば地図は不要になりますか？

回答者　HERE Japanオートモーティブ事業部APAC市場戦略本部統括本部長
マンダリ・カレシーさん

第一部

世界の開発実績が示す“自動運転の今”

第一部では、世界中の企業が取り組んでいる自動運転技術開発の内容と政府関連組織などの調査データを基に、現時点の自動運転技術や自動運転車の実際を、具体的な事例を織り交ぜながら紹介します。

自動運転の開発は、自動車メーカーだけが手掛けているわけではありません。クルマが数万という部品を精緻に組み合わせることによって作られているのと同様に、自動運転技術もさまざまな先進技術を組み合わせなければ実現できないからです。加えて、ドライバーに運転責任のない状態でクルマが一般道路を走行することは、まだ多くの国で法的に認められていないため、法律改正をはじめとするさまざまな社会制度の見直しも必要になります。そのための調査・研究活動も各国の政府機関を中心に積極的に進められています。さらに自動車は世界的な輸出産業であるため、世界に通用する国際標準の作成も欠かせません。自動運転車に関する国際標準の制定では、国際連合や国際標準化機関が各国の関係機関と協力しながら活動を進めています。

自動運転は発展途上、まずは限定的な受け入れで知見の蓄積を

自動運転開発における最大の課題はその安全性にあります。クルマの運転は、

少しのミスでも人命を脅かすため、失敗が許されない極めて重要な操作行為です。免許を持った人間であっても失敗が繰り返されている運転を、機械に任せても本当に大丈夫なのかという問題は、簡単に判断できることではありません。さまざまな視点での議論を、そのときどきの技術開発の進展状況と社会的な価値観に照らしながら利用環境別に繰り返す中で、その時点におけるそれぞれの利用環境に適した「自動運転車の利用条件」が見えてくるのだと思います。まずは私たちが自動運転を受け入れるために納得できる条件を見つけ、その条件の範囲内という限定した形で受け入れを開始するのが現実的でしょう。限定的な場面であっても実際の運用が始まれば、さまざまな知見を得ることができます。きっとその知見から、自動運転を安全な形で社会に根付かせるための次の一歩が見えてくることでしょう。

第一部では、さまざまな視点から自動運転車の今を見ていきます。素朴だけれど、誰もが気になっている疑問を取り上げて、それらに対する回答を世界中の活動報告や開発実績の中から見つけてご紹介いたします。それでは早速、本題に入りましょう。

Q 自動運転車を開発する目的は何ですか？

A 最大の目的は交通事故の死傷者数をゼロにすることです。もちろん、クルマの価値を高め、役割を広げることで利益を拡大する狙いもあります。

自動運転車の開発に乗り出している企業が掲げる開発目的は一つではありません。そして自動運転を求める私たち利用者側の期待もさまざまです。

「ドライバーの高齢化問題は深刻だ。自動運転技術の開発を急がなければ、タクシーもバスもトラックも、ドライバー不足で産業が成り立たなくなる」「何より深刻なのは、地方における高齢者の生活です。地方は公共交通機関の廃止が相次ぎ、クルマがなければ生活できなくなっています。運転能力が衰えて、運転に不安があるのに免許を返納しないのは、買い物も通院もクルマが必要だからです」「都市の道路はクルマであふれている。個人個人が自家用車で移動するから、渋滞はなくならないし、駐車場も増える一方だ」・・・。

ドライバーの高齢化、ドライバー不足、移動弱者、都市渋滞、駐車場の増加など、私たちの身の回りには多くの社会課題があります。自動運転の大きな魅力は、こうしたさまざまな社会課題に直接的あるいは間接的な解決策を生み出す可能性を持っていることです。

ただし、自動運転開発の最大目的は、やはり交通事故をなくすことにあるといえるでしょう。事実、自動運転開発に取り組むほとんどの企業が、交通事故と交通事故死傷者数の削減を自動運転開発の目標に掲げています。

日本で３５００人以上、世界では１２５万人が、毎年、命を落とす

自動車が普及したことでさまざまな産業が著しく発達し、経済成長が加速しました。また、私たちの生活においても好きなときにどこにでも行ける自家用車の存在が、生活を豊かで便利なものにしたことは間違いないでしょう。

その半面、交通事故という大きな社会的な代償を払い続けていることも事実です。警視庁の資料によると、２０１７年に国内で交通事故によって亡くなった方は３６９４人でした。世界に目を向けると問題はより深刻です。世界保健機関（ＷＨＯ）は世界の年間交通事故者数を約１２５万人（２０１３年）と報告しています。

国内で交通事故死者数が一番多かったのは1970年の1万6765人。それ以降、さまざまな努力が実を結んで死亡事故は少なくなっています。2017年はこれまでで最も年間の交通事故死者数を少なくすることができました。それでもいまだに毎年3500人以上の方が交通事故で亡くなっている事実を見ると、交通事故が今も大きな社会課題であることに変わりはありません。

こうしたことから、自動車産業に関わる企業は、運転時の安全性を高める仕組みや事故の際に乗員の安全を確保するための仕組みを多数開発してきました。シートベルトやエアバッグはその一例です。またドライバーのミスを防ぐ技術の開発も積極的に行っています。代表例としては、周辺物との接触を避けるために、周辺物がないかをクルマ自身がセンサーで調べ、障害物があった場合にブレーキ操作する自動ブレーキがあります。

自動運転は「クルマを安全に走行させる」という、これまで続けられてきた安全運転向けの技術開発活動の延長線上にある発展的な技術です。クルマの安全性をより高めることが、自動車メーカーが自動運転技術の開発に注力する第一の理由です。

また自らが持っている独自技術を活用した自動運転技術で自動車産業に参入

しようと考える新興企業の多くも、交通事故を解決すべき社会課題として捉えていて、自動運転がその解決策として有効であると見ています。

利益拡大に向け、自動運転で創るクルマの新たな価値

社会課題の解決は、自動運転を開発する側から利用者に向けたメッセージです。もちろん、企業が新たな技術開発を手掛ける理由は社会課題を解決するためだけではありません。事業利益が見込めなければ、会社は存続できません。ですから、それなりの収益獲得を期待していることも事実です。

例えば、自動車メーカーは自動運転技術を用いることで、クルマに新たな価値を与え、クルマの魅力を高めると同時に、クルマの新しい用途を作り出そうと考えています。

前者のクルマの魅力を高める代表的な例としては、「快適な個室空間」をクルマの新たな価値として売り出そうという動きがあります。独ダイムラー、独BMW、日産自動車などは、自動運転時代のコンセプトカーの設計に当たって、ドライバーがそのときの気分や状況に応じて「運転を楽しむドライブモード」

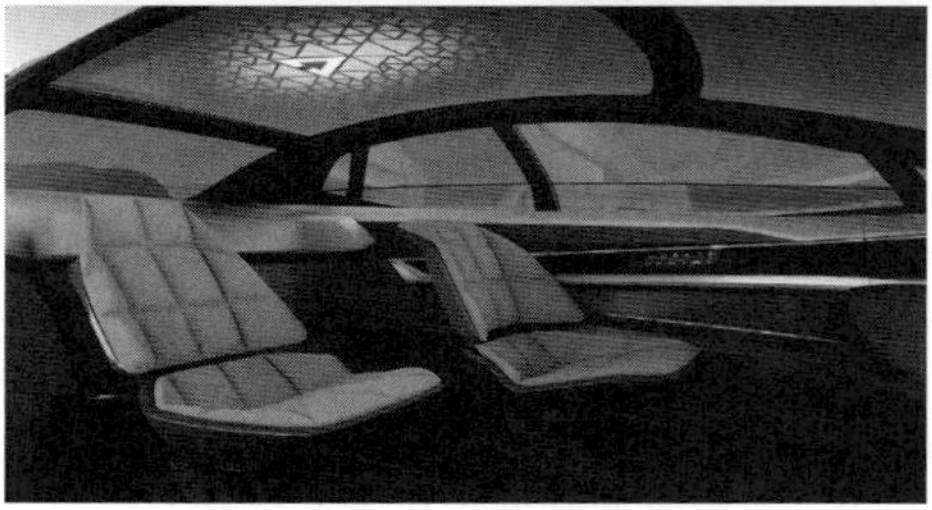

アウディの完全自動運転車のコンセプトモデル「Audi Aicon」の外観と内装（出所：アウディ）

と「リラックスして快適空間を楽しむ自動運転モード」を選べるようにしました。自動運転モードのときは快適な個室空間を演出できるように、ハンドル、アクセルペダル、ブレーキペダルを車体に収納できるようにし、車内を走るリビングスペースとして活用してもらおうというアプローチです。同様に独アウディは、ハンドルもペダルも存在しない完全自動運転車のコンセプトモデルの内装設計において、ラグジュアリーさを追求して飛行機のファーストクラスのような豪華な雰囲気に仕立てました。

自宅のリビングと同様の快適さを

ルノーの完全自動運転車のコンセプトモデル「SYMBIOZ」の外観と、住居内のラウンジスペースとして使われているイメージ（出所：ルノー）

クルマに持ち込もうという提案もあります。仏ルノーは同社の完全自動運転車のコンセプトカーにおいて、クルマそのものが自宅のリビングに入り込み、リビングの一部としても機能するデザインを打ち出しました。このクルマは電気自動車なので、自宅においてはリビングとして利用できるだけでなく、家庭の電化製品に給電する役割も果たします。これは２０３０年ごろの社会環境を想定してデザインしたそうです。

自動運転技術を活用したクルマの新しい用途としては、クルマをスマートフォンで呼び出せる〝動く店舗〟に仕立てるという提案があります。例として、トヨタ自動車の「e－パレット」を紹介しましょう。

　e－パレットは電動の完全自動運転車です。特徴は、さまざまなサービス事業者に〝動く店舗〟として活用してもらうことを目指したことです。このため、室内レイアウトは使いたいサービスに合わせて自由に変えられるようにデザインされています。さまざまな店舗にあつらえられた複数のe－パレットを一カ所に集めれば、簡易なショッピングモールを作れるわけです。

　自動運転車として見たときのe－パレットの特徴は、他社作成の自動運転ソフトも組み込めるというオープンな仕様を採用したことです。サービス事業者は、e－パレットという車体を使って、自らの求める自動運転機能と使い勝手を備えた〝わが社ならではの自動運転車〟を開発できるのです。

　トヨタ自動車はe－パレットを活用する企業を対象とするパートナーシップ組織「e－パレット・アライアンス」も立ち上げています。アライアンスの初期パートナーとしては、EC大手の米アマゾン・ドット・コム、宅配ピザチェーン大手の米ピザハット、オンデマンド配車大手の米ウーバーテクノロジーズと中国の滴滴出行《ディディチューシン》、自動車メーカーのマツダが参加しています。

ｅ－パレットの発表風景と利用時の外観イメージ。クルマの室内はレイアウトを自由に変えられるという（出所：トヨタ自動車）

コア技術は開発途上、ベンチャー企業が独自技術で自動車市場を狙う

自動車メーカーと自動車部品メーカー以外で自動運転技術の開発に積極的なのは、自動運転に不可欠な先端技術を持っている企業です。これらの新規参入企業が狙う納入先は、自動車メーカーや、自動車部品や自動車のシステムを開発するメーカーとなります。

新規参入企業として目立っている企業群は大きく3種類あります。第一は人工知能技術に自信を持っていて、それを用いた自動運転ソフトの開発を進めている自動運転ソフト開発企業です。第二は自動運転車で「眼」の役割を果たすセンサーを独自技術で開発しているセンサーメーカーです。そして第三は、画像処理ソフトや自動運転ソフトが動作する高性能コンピューターを開発する半導体メーカーです。これらの技術分野はどれも自動運転技術の中核となる重要技術で、激しい競争によって急速な発展を続けています。

新規参入企業からすると、自動車産業は安定的な収入を獲得できる可能性を秘めた巨大な新市場です。自動運転という新しい技術領域の中で存在感を出す

ことができれば、自動車産業の中で大きな売り上げを獲得することも夢ではありません。

自動車産業は技術企業なら誰もが関心を寄せる巨大市場ですが、簡単に参入できるわけではありません。クルマが人命を左右する製品であることから、採用実績のない企業の技術はなかなか採用されません。高い品質の部品を安定的に供給できる生産体制、継続的な品質向上を達成できる研究開発体制、値下げ圧力に耐えられる経営基盤などが求められます。しかも、多くの企業が自動車産業向けのビジネスを進めてくる中で関連技術分野が広がってきたため、参入できる技術領域は極めて限られていました。

ここに自動運転が登場しました。自動運転は新しい技術領域であることに加え、発展途上の技術が数多く使われます。自動運転に用いられる技術は自動車産業に所属する技術企業がこれまで手掛けていなかったものが多く、技術的な評価がはっきりしていないものも少なくありません。特に自動運転において頭脳の役割を果たす基幹技術として注目されている人工知能は、深層学習と呼ばれる新手法の広がりで研究開発が活性化してきたのは最近のことで、ここ数年は優秀な人工知能研究者の激しい争奪戦が始まっています。自動車メーカーと自動車部品メーカーは自ら人工知能の研究体制を整備するだけでなく、いくつもの人工知能ベンチャーに出資したりパートナー契約を結んだりして、人工知能技術の獲得に本腰を入れています。

センサー関連では、レーザー光を用いた距離測定センサーである「ライダー」の技術開発が注目されています。ライダーは他のセンサーよりも正確で精緻な周辺物検知機能を持っているので、一般道路での自動運転機能の実現に欠かせないと見られています。ライダーを使えば、クルマの周囲にある物体までの距離と、その物体の形状を極めて正確に測定できるので、クルマが走行する周辺状況を的確に把握でき、走行時の安全性を大幅に高めることができるからです。

ただし、これまでのライダーは高額で大きく、自動車に搭載するには技術的にもコスト的にも難しいとされていました。この現状を打破するべく、自動運転車向けの安くて小さなライダーを開発するベンチャー企業が世界中で誕生しています。

このように、自動運転はまだ成熟していない先端技術をたくさん使うので、競合を圧倒する技術力があれば、今後世界中に広がる自動運転車という新市場

米グーグルが2009年に自動運転車のテストを始めたときの様子。車体の上に取り付けられている大きな物体が当時の最高性能のライダー。米ベロダイン・ライダー製で価格は1台約7万5000ドル（出所：グーグル）

の中で大きなシェアを獲得できる可能性があります。このことが、多くの先端技術企業を自動運転の技術開発に駆り立てる原動力となっているのです。

Q 自動運転車で交通事故はなくなりますか？

A 交通事故の9割はヒューマンエラーが原因なので、成熟した自動運転技術が多くのクルマに搭載されるようになれば、交通事故は今より大幅に減少するでしょう。

自動運転が交通事故削減につながるという考えは、交通事故原因の大半がドライバーの過失に基づく「ヒューマンエラー」であるという各種調査機関のデータに基づいているものです。具体例を見てみましょう。

日本も米国も死亡事故原因の9割はヒューマンエラー

多くの企業が引用している代表的な調査データとしては、米運輸省道路交通安全局（ＮＨＴＳＡ）が２０１５年２月に発表した米国での交通事故を対象としたものがあります。これは２００５年７月から２００７年12月までに全米で発生した交通事故を対象とした調査データを基にしたもので、事故原因の約94％がドライバーに起因していたと分析しています。

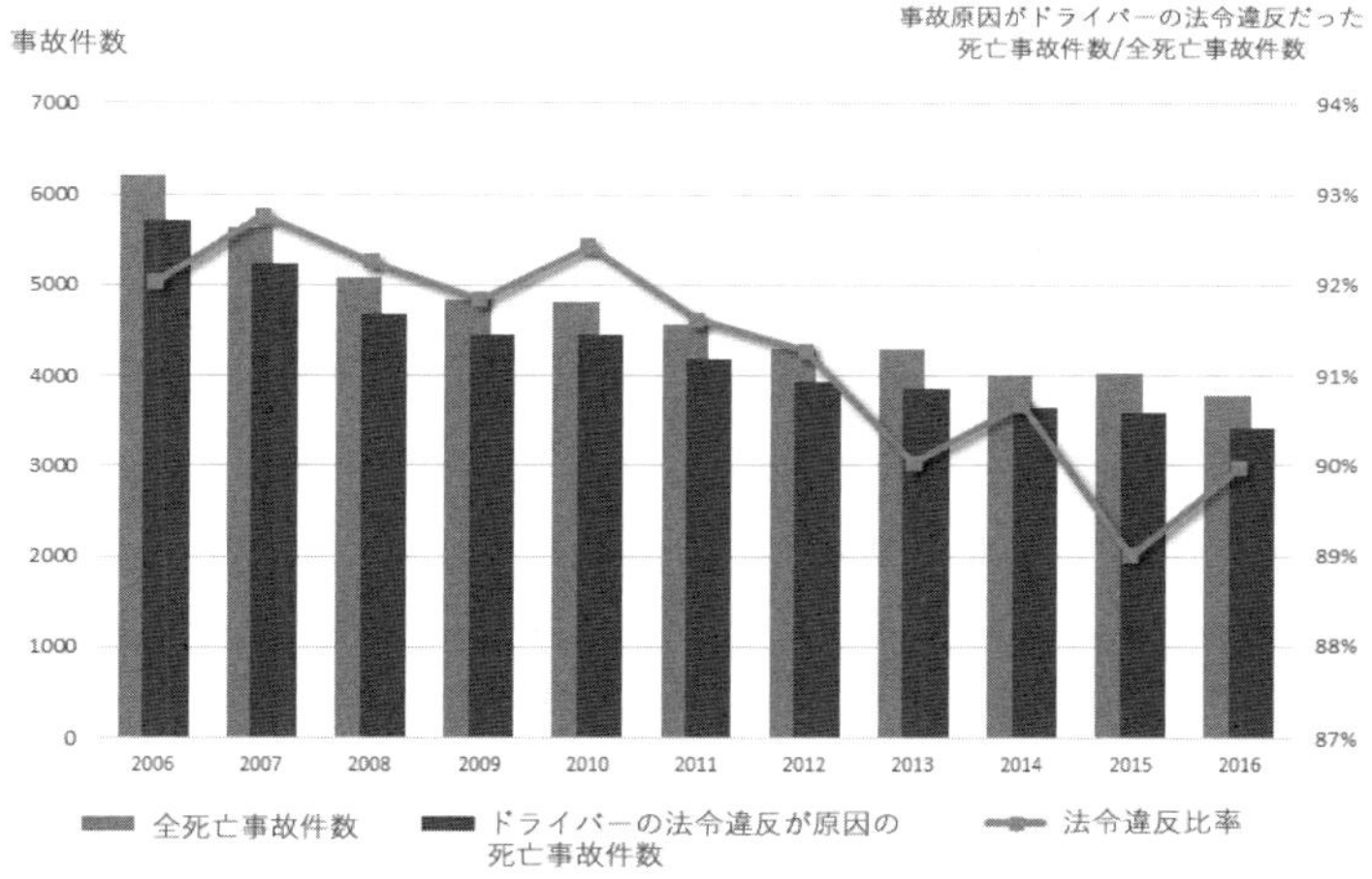

日本の交通死亡事故において、ドライバーの法令違反が原因となっている事故の割合は約9割で推移している（警察庁交通局が公開している統計資料を基に作成）

ＮＨＴＳＡは米国の実情を示した調査データですが、日本の場合はどうなのでしょうか。ＮＨＴＳＡのように、事故原因をドライバー、車両、環境に分類したものは見当たりませんが、警察庁が公開している交通事故統計を見てみると、そこには「ドライバーの法令違反」が事故原因だった死亡事故件数が記されています。２００６～２０１６年の統計データを基に、「ドライバーの法令違反」が事故原因だった死亡事故件数を全死亡事故件数に照らしてみると、その割合は約９割で推移していることが分かります。

「ドライバーの法令違反」をヒューマンエラーと見なせば、米国とほぼ同じ状況、つまり「交通事故原因の約９割はヒューマンエラーである」と言えそうです。

それでは、交通死亡事故をもたらす原因となった法令違反にはどのようなものがあるのでしょうか。警察庁の統計データによると、事故件数の多い順に「漫然運転」「脇見運転」「運転操作不適」「安全不確認」と続きます。「運転操作不適」は聞き慣れない用語ですが、アクセルとブレーキのペダルを踏み間違ったり、カーブでハンドルを切るのが遅れたり、ブレーキを十分に踏み込めなかったりしたケースが該当します。このように、交通死亡事故に直結する法令違反である「漫然運転」「脇見運転」「運転操作不適」「安全不確認」はどれもドライバーのうっかりミスといえるものばかりです。

自動運転技術の実用化に当たっては、正確で安全な運転操作の実行が何よりも優先されています。人間のドライバー以上の高い安全性を求めて開発が進められていますので、クルマが高度で成熟した自動運転技術を備えるようになるなら、こうした人間ならではのうっかりミスは回避できると考えられます。従って、自動運転車が交通事故を起こす確率は、人間のドライバーが起こす確率より大幅に小さくなると予想されるわけです。

交通事故の削減目標については、具体的な数値目標を掲げる自動車メーカーもあります。例えば、スウェーデンのボルボ・カーは「2020年までに、新車による交通事故での重傷者と死者の数をゼロにする」という目標を掲げています。そして、その目標実現に向けて自動運転技術の開発を進め、スウェーデンの公道で市民参加型の実証実験を始めています。

危険走行と無縁な自動運転、ドライバー優先では危険走行を防げない

自動運転車が一般のクルマより安全であるという点に関しては、危険走行をしないということも重要なポイントです。法令違反の中には、故意性が低いエラー、言い換えれば過失性の高いうっかりミスもありますが、信号無視や速度超過といったドライバーの悪意を感じる危険運転行為もあります。人間と違って自動運転車はこうした危険運転の心配はありません。

近年の交通事故原因を見てみると、今のクルマの設計思想である「ドライバーの操作を最優先する」ことによって生まれる危険についても考えさせられます。うっかりミスや悪意あるドライバーの危険運転行為はもちろんですが、急病による意識喪失、過労による居眠り、高齢者ドライバーの操作ミス（ペダル

の踏み間違いや逆走行為）など、ドライバーが安全に運転できる状態にないときや、明らかな違反走行行為のときでも、クルマはドライバーが操作すれば、それが危険走行であっても指示通りに動いてしまいます。

今は、センサーやカメラを使ってドライバーの状態を把握したり分析することで、ドライバーの状態をかなり正確に判断できるようになっています。例えば、室内カメラでドライバーを撮影し、その撮影画像を人工知能などのＩＴ（情報技術）で分析することでドライバーの状態を監視する「ドライバーモニタリングシステム」と呼ばれる製品も発売されています。こうした製品は、ドライバーをたくさん抱える運送会社などが、自社のドライバーの運転状態を把握し、安全運転の実行を促すことを目的に導入しています。また米国では、保険会社が大量購入してクライアントの運送会社に導入してもらい、安全運転ができているかどうかをフィードバックして、事故の発生を抑制する活動につなげている事例もあります。

ただし、こうしたＩＴを活用した安全運転の仕組みは一般のクルマには広まっていません。例えば、運転前にセンサーに息を吹きかけてアルコールを検知し、一定以上のアルコール濃度が検知されたら運転できないようにする仕組みはすでに存在しますが、一般のクルマは備えていません。クルマの購入者が求めていないからです。業務用での利用に当たっても、アルコール成分が検出されたらエンジンがかからないようにするといった強制的な運用ではなく、運転手ごとに安全運転の度合いを統計的に算出して、運転行為の安全性向上に反映させるといった方法がほとんどです。

一方で、こうした仕組みが自家用車に義務づけられたとしたら、私たちドライバーは歓迎するでしょうか。全然眠くないのに「あなたは眠たくなっていますから、しばらく仮眠を取ってください。それまではエンジンはかかりません」と誤って判断されるのを避けたいから、そうした仕組みを好んで取り付けようとは思わないでしょう。こうした事情もあって、今はドライバーの状態が安全運転できない状況だったとしても、運転操作はドライバーに任せる設計になっているのです。

これに対してドライバーレスの自動運転車は、ドライバーの緊急事態や悪意ある危険走行の心配はありません。また、今後発売が予定されているレベル3以上の自動運転車（ドライバーが運転に専念しなくても、クルマが責任を持って安全に自動運転する機能を備えたクルマ）では、クルマが自動運転モードから手動運転モードに安全に切り替えられるように、「ドライバーが運転できる状態にあるかどうか」をチェックする機構が装備されることになっています。このため、仮に自動運転モードの最中に居眠りしてしまったとしても、クルマはドライバーが運転できない状態であることを検知して、運転できない状態のドライバーに運転操作を強制的に引き継ぐことはありません。ドライバーが安全に運転できない状況で自動走行できなくなった場合は、次第にスピードを落として停止するなどの措置を取ります。

実用化始まる「ドライバーの緊急事態を把握して停車するシステム」

現在、自動運転開発の現場では、運転操作を安全にドライバーに引き継げるように、ドライバーの体調をカメラやセンサーで監視して「ドライバーが安全に運転操作できる状態なのかどうか」を見極める技術開発が進んでいます。そして、その技術を活用し、ドライバーが運転中に急病に襲われるなどして運転操作ができなくなった場合、その状態を検知して、クルマを安全に停止させる機能の実用化が始まっています。例えば、ダイムラーは「アクティブエマージェンシーストップアシスト」という名称で、トヨタ自動車は「ドライバー異常時停車支援システム」という名称で、それぞれ最新のクルマに搭載しています。

このドライバーモニタリングシステムと緊急停止システムがクルマに搭載され始めたことは、二つの点でとても大きな意義があると思います。

一つは、ドライバーが安全な運転行為を遂行できない状態にあることが明らかなときに、運転操作を強制的に中止して停止させることは、乗員の安全はもちろん、周辺の歩行者や自動車の安全と、道路周辺の建物などの資産を守ることにつながることです。

もう一つは、システムがドライバーをチェックして、安全ではないと判断したときにクルマを操作させない仕組みが一般的になれば、それを活用したシステム開発が活性化されることです。例えば、クルマの持ち主認証と組み合わせると盗難防止機能を組み込めるようになります。スマートフォンのロック解除で使われている顔認証や指紋認証をクルマの持ち主認証として組み込めば、仮にクルマが盗難に遭っても、システムが不正利用を検知して、エンジンを起動できないようにできるわけです。

自動運転技術は、うっかりミスによる交通事故を回避したり、被害を小さくすることだけでなく、悪質なドライバーの危険運転行為そのものを防止したり、ドライバーが急病に襲われても安全を確保するなど、社会全体の安全性を高める技術の普及・促進にも大きな貢献を果たしつつあるのです。

Q 不具合で暴走する危険はありませんか？

A 部品故障による暴走はシステム全体で防ぎます。万一に備え、遠隔操作できる仕組みも作られ始めています。

クルマに限らず、どんな機械も故障ゼロを実現することは簡単ではありません。むしろ、すべての部品は故障する可能性があると考えるのが現実的といえるでしょう。このため、個々の部品の完全性を期待するのではなく、システムとして安全を保証していくというアプローチが一般的になっています。重要な機構や部品に故障が生じたときに、何らかの補助機構が働いて安全第一の動作を確実に実行するというものです。この手法は「機能安全」と呼ばれていて、すでに自動車製造の現場で実施されています。自動車は、車体を構成する部品や機構のすべてについて、どのようなリスクがあるのかを洗い出し、それぞれのリスクが生じたとしてもシステムとしての安全性を守るように設計されているのです。

自動運転車はいくつもの技術を組み合わせて運転操作を実行します。周辺物を検知する各種センサー、センサーが得た情報を分析して周辺物を認識するデータ処理、認識した周辺状況から安全な走行エリアを見極める判断処理、判断処理に基づいたクルマへの動作指示――。これらのどの部分に不具合があっても正常な運転は実現できません。ですから、今後登場してくる自動運転車は機能安全の考えに従って、それぞれの部品や機構に不具合が生じたとしても、それをシステム全体で補うような仕組みが組み込まれることになります。

ドライバーの操作で自動運転から手動運転に切り替わる

それでも、万一、自動運転モードのときに急加速するような想定外の振る舞いをしたらどうすればいいのでしょうか。ドライバーが乗車するタイプの自動運転車は、自動運転モードで走行しているときにドライバーがハンドルを操作したり、ブレーキペダルを踏み込んだりすれば、即座にドライバーの操作に反応してクルマを制御します。自動運転モードから手動運転モードに切り替わるわけです。この「ドライバーがクルマから運転操作の権限を取り返すこと」はオーバーライドと呼ばれています。オーバーライドは、ドライバーの通常の運転操作で実施されますから、運転席に座っている限り、クルマの制御はドライバーに最終権限があるといえます。自動運転モードであっても、ハンドルを動かすだけで手動運転モードに切り替えられるという仕組みは、ドライバーに安心感を与えてくれます。

また、ドライバーの存在を前提とする自動運転車は、クルマが勝手に自動運転モードでの運転操作を始めることはありません。通常は、ディスプレイに自動運転モードが利用できることを大きく表示するなどしてドライバーに伝え、その上で、ドライバーが自動運転モードの起動スイッチを押すなどのアクションを起こして初めて自動運転モードでの運転操作が始まります。例えば、アウディが同社の新型Ａ８に装備した自動運転モード「トラフィックジャムパイロット」は、自動運転を利用できるかどうかをクルマがドライバーに知らせた後、ドライバーがセンターコンソールに設置された「アウディＡＩボタン」を押すことで自動運転モードが始まるように設計されています。

完全自動運転に欠かせない「遠隔操作」

それでは、ドライバー席の無い、ドライバーレスの完全自動運転車の場合はどうなるのでしょうか。万一、暴走行為を始めたらどうすればいいのかという心配があります。

現在、試作されている完全自動運転車の多くは、万一のときにクルマの走行を強制的に中止する「緊急停止ボタン」を備えています。このボタンを乗員が押すことで、万一の際の被害を回避することができるでしょう。

完全自動運転車の運転操作に関する不安については、「遠隔操作」という手法で安全性を確保する方向で議論が進んでいます。特に国内では、自動運転車が一般道路で走行テストするときは、遠隔から監視・制御できる仕組みが求められます。クルマ本体に運転操作する仕組みがなくても、あるいはドライバーが乗っていなくても、誰かが常時監視して、万一のときは遠隔からオンラインで運転操作する仕組みを備えていれば、安心して自動運転車に乗ることができそうです。

ただし、遠隔操作できれば問題解決かといえば、必ずしもそうとはいえません。というのは、遠隔操作をするには自動運転車を常時ネットワークにつなげなくてはなりませんが、そのことによってサイバー攻撃の対象となってしまうからです。

　自動運転車がネットワークで通信しなければならない場面はたくさんあります。遠隔操作だけではありません。自分が今どこにいるのかを正確に判断するために必要になる「高精度地図」を受信したり、クルマの中で動作する自動運転ソフトや制御プログラムを更新したりするときも、自動運転車はネットワークに接続しなければなりません。これらのネットワーク接続用途は、自動運転車の安全性を高めるためのものなので、自動運転車である以上、ネットワーク接続は避けて通れないといえます。自動運転車はサイバー攻撃にさらされる危険があることを十分に理解しておく必要があります。

Q クルマが乗っ取られることはないの？

A セキュリティに万全はありません。ソフト更新の確実な実行を継続するのが乗っ取りを防ぐ近道です。

クルマにネットワーク経由で不正侵入し、ドアの開閉や運転操作を外部から制御するという乗っ取り事例はこれまでにいくつも報告があります。自動運転車に限らず、ネットワークに接続する機構を備えるクルマはどれも、サイバー攻撃で乗っ取られる危険があるのです。

自動車メーカーはどこも、不正侵入を阻止するための仕組みの開発作業を急ぎ、不正侵入できないように努力していますが、企業や政府機関へのインターネット経由の不正侵入がなくならないように、クルマに対する攻撃手法も日々進化しています。自動車メーカーが見つけていない「セキュリティホール」（不正侵入を許すセキュリティ上の欠陥）を見つけられて、そこを攻撃されて不正侵入される危険性はゼロではないのです。攻撃者が存在して攻撃手法が進化している現状を見る限り、「これでセキュリティは万全です」といえる状況を迎えるのは難しいと考えるべきでしょう。

無線ソフト更新や未知の攻撃手法向けで新技術登場

セキュリティに万全はないと説明しましたが、その一方で、自動車メーカーやセキュリティ企業がクルマのサイバーセキュリティを高めるための研究開発に注力していることも事実です。

中でも活発なのは、クルマの中に埋め込まれているたくさんの電子制御ユニットの制御プログラムや、自動運転ソフトを無線ネットワークで更新するときのセキュリティ対策です。

これまで制御プログラムの更新作業は、自動車内部にあるコネクターに保守機器をケーブルで物理的につないで実施していました。ただし、今後は素早く手軽にソフト更新を実行できるように、携帯電話網や無線ＬＡＮなどの無線ネットワークを使う方法が一般的になると考えられています。この無線を使う更新方法は、無線を意味する「ＯＴＡ」(over the air) という言葉から「ＯＴＡソリューション」とも呼ばれています。

ソフトの更新作業は緊急を要する場合があります。例えば、自動運転ソフトや制御プログラムに不具合があってリコールの対象となるようなケースです。ＯＴＡがあれば、ユーザーは修理工場やカーディーラーに出向くことなく、自宅で迅速に最新ソフトに更新できます。

ＯＴＡはとても便利ですが、これを悪意ある攻撃者に乗っ取られると、自動運転ソフトや制御プログラムを危険なソフトに書き換えられる危険があります。このため、ＯＴＡシステムには高いサイバーセキュリティが求められます。具体的には更新データの暗号化機能、データ改ざんの防止機能、相互認証によるなりすまし防止機能などがあります。

新しいセキュリティ技術としては「未知の攻撃手法向けの対策」もあります。これまでのやり方は、サイバー攻撃による被害が発生した段階で調査を開始し、不正侵入記録を細かく解析して攻撃手法を見つけ出し、それに応じて対策を考案するというものでした。この手法は既知の攻撃手法に基づいた不正侵入は防げるのですが、未知の攻撃手法に直面したときは無防備になってしまうという課題があります。

未知の攻撃手法向けの対策では、どのような攻撃手法なのかを特定することはできませんが、何らかの攻撃が受けていることを分かるようにしました。実現手法には人工知能が使われています。例えば、対象システムの通常状態の振る舞いを人工知能に覚え込ませた上で本番システムを人工知能に監視させ、システムの振る舞いが異常状態になったら何らかの攻撃を受けていると判断するというやり方があります。未知の攻撃手法向けの対策を講じておけば、システムへの攻撃が始まっていることを即座に検知できるため、攻撃を受けている部分を全体システムから切り離すなどの対策を取ることができるので、攻撃による被害の規模や影響範囲を小さくできます。

このほかにも、クルマ内部のデータ通信を暗号化する仕組みや不正侵入を阻止する車載ゲートウエイ（クルマのシステムの中で外部ネットワークと内部ネットワークを切り分ける機構）など、さまざまな技術開発が進められています。

不正侵入で乗っ取られた自動運転車の事故責任は？

いずれにしても、サイバー攻撃の手法は日々進化しており、今日は安全だからといって、明日も安全とは限らない状況であることに変わりありません。では私たちは何をするべきなのでしょうか。

大事な対策は二つあります。一つは、クルマの中で動作するソフトを絶えず最新のものに更新しておくこと。もう一つは、追加できるセキュリティ対策があるなら、積極的にそれらを活用することです。インターネットを利用するときにアンチウイルスソフトを導入したり、無線ルーターにファイアーウォール機能を持たせたりすることと同じです。クルマをネットワークにつなげたら、継続的かつ確実なセキュリティ対策を実行するようにしましょう。

ここで紹介した二つの対策は、万一の事故のときに経済的な負担を軽減する効果があるという意味でも重要です。というのは、2018年3月に国土交通省が発表した「自動運転における損害賠償責任に関する研究会」の報告書で、「ハッキングにより引き起こされた事故の損害については、盗難車と同様に政府保障事業で対応することが適当」との見解が示されたのですが、その例外として「必要なセキュリティ対策を講じておらず保守点検義務違反が認められる場合」と明記されたからです。セキュリティ対策を講じていないと、ハッキング被害の損害を運行供用者（ドライバーや運行事業者）が負わなければならなくなりそうです。

この報告書には、運行供用者の注意義務として、「今後の自動運転技術の進展等に応じ、例えば、新たに自動運転システムのソフトやデータ等をアップデートすることや、自動運転システムの要求に応じて自動車を修理すること等の注意義務を負うことが考えられる」との指摘もありました。つまり、自動運転車のソフトやデータを更新する作業は運行供用者が果たすべき注意義務となる可能性が高まったわけです。

国内における自動運転車の損害賠償責任の制度は、今後、この報告書に沿った形で整備されていくことになりますから、皆さんが自動運転車を所有したときは、紹介した二つの対策「ソフト更新とセキュリティ対策の実施」の徹底を忘れないようにしましょう。

セキュリティホールの発見を呼びかける報奨金制度

企業が製品やシステムのセキュリティ強度を高める取り組みとしては、できるだけ製品やシステムに関連する情報開示を少なくして、攻撃者に攻撃の手掛かりを与えないようにする考え方が一般的です。これに対して、各種の情報を積極的に開示するという逆のアプローチでセキュリティを高める取り組みがあります。その一つが、自社の製品やシステムが抱えるセキュリティホールの発見を広く呼びかけ、発見した人に報奨金を支払うという「バグバウンティプログラム」（バグ報奨金制度）です。

バグバウンティプログラムでは、企業が対象とする製品やシステムを明示してセキュリティホールの発見を広く社会に呼びかけます。この呼びかけに賛同する人は、製品やシステムを調査し、セキュリティホールを発見した場合はその詳細を企業に報告します。企業は報告されたセキュリティホールを確認した上で、不具合を修正したり、更新プログラムを配布したりするなどして、セキュリティホールを塞ぎます。後で大規模なリコール騒動になるような事態を回避できるので、報告者に報奨金を支払っても全体で見ると経済的な負担は軽く、何より即効性のあるセキュリティ強化が図れるというわけです。

バグバウンティプログラムはＩＴ企業では珍しくない試みですが、自動車メーカーでも米テスラ、米ゼネラル・モーターズ（ＧＭ）、欧米自動車大手フィアット・クライスラー・オートモービルズ（ＦＣＡ）などが始めています。またこの制度によって自動車メーカーが気付いていなかったセキュリティホールが発見され、被害が出る前にソフト更新でセキュリティホールを塞いだという事例も報告されています。

Q 自動運転に定義はありますか？

A 一般に、部分的あるいは全部の運転操作を自律的に自動実行することを意味します。また完成度別に5段階のレベルが定義されています。

自動運転車と一口に言っても、その意味するところは一つではありません。普通のクルマは人間が運転操作のすべてを実行します。これに対して自動運転車は、運転操作の一部または全部をクルマ自身が自律的に実行します。つまり、何らかの自動運転機能を備えているクルマはすべて、自動運転車と呼ばれています。

ただし、この自動運転車という言葉の使い方には注意が必要です。例えば、「自動運転車」という言葉を初めて耳にした人は、「すべての運転操作を、安全かつ効率的に自動実行する機能を持っているクルマ」だと考えることでしょう。もしそう考える人が運転席に乗っていたら、クルマの自動運転機能を過信して危険な運転をしかねません。

現在発売されている自動運転車はどれも、ドライバーが不在でも安全に運転操作できる「完全自動運転車」ではありませんので、すべての運転責任はドライバーが負わなければなりません。このことをよく理解していないドライバーが自動運転機能を使うと、自動運転機能を過信して運転操作に対する注意が散漫になったり、自動運転機能を正確に理解せずに走行して、事故を起こしてしまう危険があります。そして悲しいことですが、自動運転機能を過信したり、理解不足による注意散漫などが原因で、事故が起こっています。

こうしたことから、完全自動運転車以外の自動運転車を「自動運転車」と呼ばないようにする動きも出始めています。また、自動運転機能を備えたクルマによる事故が起こった2016年以降、国土交通省は同省のホームページなどを使って〝現在実用化されている「自動運転」機能は、完全な自動運転ではありません!!〟と注意喚起しています。

技術の完成度から1～5の5段階に分かれる自動運転レベル

自動運転は、これまでドライバーが実行してきた運転操作を機械が実行することです。人間が運転操作で実行するのは、①クルマ周辺の監視と分析、②運転操作として何をするのかの判断、③運転操作です。簡単に言えば、周りを見たり音を聞いたりすることでクルマの周辺環境に注意を払いながら、次にクルマをどう動かすのかを決め、ハンドルを使って曲がったり（操舵《そうだ》）、アクセルペダルを踏み込んでスピードを上げたり（加速）、ブレーキペダルを踏み込んで止まったり（制動）する操作を組み合わせて運転しているわけです。この運転操作を、センサーやカメラと、人工知能をはじめとするさまざまなＩＴを組み合わせることで自動実行する技術が自動運転技術です。

現在、自動運転技術の完成度を示す指標としては、自動車技術者で組織されている米国の非営利団体「ＳＡＥインターナショナル」が２０１４年１月に発行した技術基準「Ｊ３０１６」（最新版は２０１６年９月公開）が世界標準として広く利用されています。ＳＡＥは自動運転の技術レベルをレベル１～５の５段階に分類しました。数字が大きいほど、自動運転の完成度は高くなります。最高レベルのレベル５は、ドライバーレスで、どのような環境でもすべての運転操作を自動実行するクルマを指します。

以下、ＳＡＥの５段階モデルの自動運転レベルを細かく見ていきましょう。

●レベル0：手動運転

自動運転機能を持たないクルマのことです。操舵・加速・制動は、ドライバーがハンドル、アクセル、ブレーキを操作して実行します。カーナビによる渋滞発生の通知やセンサーとアラーム音による障害物検知など、ドライバーに注意喚起する機能を持つクルマが該当します。

●レベル1：運転支援

運転環境を監視・分析して、操舵・加速・制動のどれかを実行できる機能を持つクルマです。具体的には、センサーやカメラでクルマの周辺状況を把握し、接触するなどの危険があると判断したときは、操舵・加速・制動のどれか一つをクルマが自動実行して危険を回避する自動運転機能を備えるクルマのことです。クルマが実行しない操舵・加速・制動は、ドライバーがハンドル、アクセル、ブレーキを用いて実行します。また、クルマが自動実行している制御であっても、その制御が適切かどうかはドライバーが絶えず監視する義務があります。今では多くのクルマが備えるようになった自動ブレーキは、このレベル1の機能です。レベル0との違いは、運転操作の自動実行機能を持っていることにあります。

●レベル2：部分的な自動運転

運転環境を監視・分析して、操舵・加速・制動を組み合わせた制御を実行する機能を持つクルマです。クルマが実行しない操舵・加速・制動は、ドライバーがハンドル、アクセル、ブレーキを用いて実行します。また、クルマが実行している制御であっても、その制御が適切かどうかはドライバーが絶えず監視する義務があります。レベル1との違いは、より複雑な運転操作を自動実行できることです。

ここではレベル2相当の自動運転機能として、日産自動車が2016年に実用化した「プロパイロット」を紹介しましょう。プロパイロットは、高速道路の単一車線における渋滞走行と巡航走行の場面で、ハンドル、アクセル、ブレーキのすべてを自動的に制御し、ドライバーの負担を軽減する自動運転技術です。先行車を検出して、あらかじめセットした車速（時速約30～100km）を上限に、車速に応じた車間距離を保つ制御機能や、車線中央付近を走行するようにドライバーのハンドル操作を支援する機能を備えます。

レベル2の機能を備えるクルマはたくさん登場しています。その中でも米テスラは、「オートパイロット」という名称の自動運転機能を自社のクルマに組み込んでいることで有名です。米テスラはレベル3以上の自動運転機能「エンハンストオートパイロット」を開発したことを発表していますが、その一方で、現段階で提供している自動運転機能はすべての運転操作の責任がドライバーにあるレベル2相当であることも明言しています。

テスラはこれまで、ネットワーク経由のソフト更新によってオートパイロットの機能を拡張してきました。そしてエンハンストオートパイロット対応ソフトのクルマへの配布も始めています。ただし、その機能はまだ利用できません。現在、機能を検証している段階です。機能検証を終えたら、法制度が整った地域から利用できるようにする計画です。

クルマの責任で走行できる自動運転モードはレベル3以上

●レベル3：条件付き自動運転

特定の環境下において、すべての運転操作を自動実行する「自動運転モード」を備えるクルマです。ただし、システムが運転操作をドライバーに要請したときは、ドライバーが運転を実行しなければならないという条件が付きます。特定の環境下とは、走行地域、道路環境、交通状況、走行速度、時間帯、交通規制などの制限を意味します。例えば、「高速道路で、走行速度が時速60km以下」とか、「中央分離帯のある自動車専用道路で、8時～15時の間」といったように、それぞれの自動運転機能ごとに明確な制限が示されます。

レベル3のクルマは、自動運転モードで走行できるかどうかを判断する機能を持っています。自動運転できる環境にあるときはそのことをドライバーに伝え、ドライバーが自動運転モードを選択したときに自動運転を開始します。レベル2との違いは、自動運転モードにおいて運転操作の判断をクルマが自律的に実行することです。レベル2より複雑で高度な運転操作をするとは限りません。

レベル3以上のクルマが自動運転モードで走行しているときは、クルマが運転操作を自律的に実行します。ドライバーが関与しなくても安全に走行するように作られています。ただし日本をはじめとするほとんどの国における現行の法制度は、「公道を走行するクルマの運転責任はドライバーにある」ことが前提になっています。ですから、仮にレベル3以上の自動運転モードで走行したとしても、運転責任はドライバーにあります。

日本では、道路交通法がドライバーに安全運転義務を求めています。ですから、レベル3の自動運転機能を利用して運転操作をクルマに任せると、安全運転義務違反となります。こうしたことから、レベル3以上の自動運転機能の提供は、「運転操作の責任がクルマにあるケースが存在する」ことを認める形に法制度が見直された地域から始まることになるでしょう。

●レベル4：高度な自動運転

レベル3同様に、特定の環境下において、すべての運転操作を自動実行する「自動運転モード」を備えるクルマです。そしてレベル3とは異なり、システムが運転操作をドライバーに要請したときにドライバーが適切に対応しない場合でも、システムが運転操作を継続することができます。このため、特定の環境下であれば、事実上の完全自動運転車として利用することができます。

●レベル5：完全な自動運転

人間のドライバーなら適切に運転操作できることが期待されるすべての環境において、すべての運転操作を自動実行する「自動運転モード」を備えるクルマです。おそらく、多くの皆さんがイメージする理想的な「自動運転車」といえるでしょう。

当面はドライバーレスでもレベル4での運用に

クルマが自律的に動作するという意味で、本当の自動運転車と呼べるのはレベル3以上のクルマといえるでしょう。またレベル4は、一般にドライバーの存在を前提とする自動運転車向けの自動運転レベルとして紹介されることが多いようですが、レベル4の自動運転モードにおいてドライバーはシステムからの運転操作の引き継ぎ要請に対応する義務はありません。このため、ドライバーレスの自動運転車向けレベルとして見ることができます。

これに対してレベル5は、ドライバーレスの自動運転車向けのレベルとして説明されることが多いものの、レベル4とレベル5の違いは、自動運転モードを利用できる環境が限定されているかどうかにあります。ドライバーレスの自動運転車であっても、自動運転モードを利用できる環境が限定されている場合はレベル4となるわけです。

おそらく、初期の自動運転車は、自動運転モードを利用できる環境が技術的な問題や制度的な制限によって限定されることが予想されるので、これからしばらくの間、ドライバーレスの完全自動運転車であっても、レベル4の自動運転モードが適用されることになるでしょう。

なお、自動運転技術の完成度を示す指標としては、米運輸省道路交通安全局（NHTSA）が2013年5月に発表したレベル1～4の4段階モデルもありました。NHTSAレベルとSAEレベルの違いは、NHTSAがレベル3としている領域の技術レベルを、SAEではレベル3とレベル4の二つに分けたことです。両者のレベル1～3は同じで、NHTSAのレベル4とSAEのレベル5も同じです。

NHTSAとSAEのレベル3は、システムから運転操作の引き継ぎ要請がドライバーに示された場合、ドライバーはその要請を受け付ける義務が課されています。SAEはこの義務を遂行できないケースを想定して、ドライバーが要請に応えない場合はシステムが対応を引き継ぐレベル４を追加定義したといえます。

こうした事情から、以前はレベル４という言葉の意味が、話す人によって異なるケースがありましたが、ＮＨＴＳＡは２０１６年10月に自動運転の技術レベルとしてＳＡＥレベルを採用することにしたので、今は５段階モデルに統一されています。

Q レベル3では何ができますか？

A 自動運転モードを利用できる場面において、運転をクルマに任せて、メールチェックなどの簡単な作業ができます。

自動運転レベルで見ると、レベル1～2とレベル3～5には大きな隔たりがあります。レベル3以上になると、クルマが責任を持って全運転操作を実行する「自動運転モード」があるからです。レベル3以上の自動運転車に乗っているドライバーは、自動運転モードで走行しているときなら、運転に集中しなくて済みます。運転操作をクルマに任せることができるので、メールをチェックしたり、資料を見ながら打ち合わせをしたりすることができるようになるわけです。

ここでは、アウディが2017年7月に発表したレベル3の自動運転機能「アウディAIトラフィックジャムパイロット」を例に、レベル3の世界を見ていくことにしましょう。

自動運転モードが可能かどうかはクルマが見極める

トラフィックジャムパイロットは、高速道路や自動車専用道路において、時速60km以下の交通渋滞時に、ドライバーに代わって運転操作を引き受ける機能です。この機能を使っている間、ドライバーはクルマの動きと周辺状況を監視する必要はありません。ただし、システムから要求された場合に運転操作を引き受けなければならないので、いつでも運転を再開できる状態でいることが求められます。

トラフィックジャムパイロットは、同一車線の中であれば、発進、加速、ハンドル、ブレーキの運転操作を実行しますし、他のクルマが直前に割り込んできた場合にも適切に対応します。

注意したいのは、自動運転モードを利用できるかどうかはクルマが判断することです。具体的な作動条件は以下の通りです。

●クルマが高速道路、もしくは中央分離帯とガードレールなどが整った片側2車線以上の自動車専用道路を走行していること

●隣接する車線も含めて、前後との車間距離が詰まっていて、ゆっくりした速度の走行状態にあること
●クルマの走行スピードが時速60㎞以下であること
●車載センサーの検知範囲に交通信号も歩行者も存在しないこと

この4条件が満たされたとき、クルマはディスプレイに「トラフィックジャムパイロットを利用できます」と表示して、利用可能であることをドライバーに伝えます。

復帰要請は3段階で強まり、復帰できない場合は車線内に停止

トラフィックジャムパイロットは、ドライバーがセンターコンソールに設置されているアウディＡＩボタンを押すことで作動します。作動中はコックピットに表示されている「ＡＩ」のアイコンの色と両端の細い枠が緑色に変わるので、ドライバーはコックピットを見ると、自動運転中であることを確認できます。

アウディの新型A8は自動運転モード「トラフィックジャムパイロット」を搭載する。自動運転モードの利用は、ドライバーがセンターコンソールに設置されたアウディAIボタンを押すことで始まる（出所：アウディ）

自動運転中にドライバーがウインカーを操作した場合は即座に運転操作に復帰するようにドライバーに伝えます。また運転中にドライバーがハンドルを握り直したり、アクセルペダルを踏み込んだりすると、センサーはそれを検知してドライバーが運転操作に復帰したことを理解します。

レベル3では、システムがドライバーに運転復帰を要請するケースが生じます。トラフィックジャムパイロットでは、例えば渋滞が解消されて走行速度が時速60km以上になったときが該当します。この運転操作の引き継ぎを安全に実行するために、トラフィックジャムパイロットが作動している間、システムはドライバー

トラフィックジャムパイロットが作動中のコックピットの様子（出所：アウディ）

が運転操作に戻れる状況にあるかどうかを、カメラを使って常にチェックします。ドライバーの頭と目の位置・動きを分析し、一定時間以上目を閉じたままのときは、すぐに運転操作に復帰するように促します。

システムがドライバーに運転操作の再開を促した場合、約10秒の猶予時間がドライバーに与えられます。運転再開の通告・警告は3段階あります。第一段階は、コックピットの画面の端が赤色に点滅するほか、画面中のＡＩアイコンとセンターコンソールのＡＩボタンが点滅し、警告チャイムが鳴ります。第二段階は、警告チャイムの音が大きくなり、デジタルメーターパネルに運転復帰を促すテキストが表示され、シートベルトのテンションが増します。乗員を揺すり、速度を落とします。第三段階では警告チャイムとシートベルトのテンションは最大限となり、クルマを車線内に停止させ、ハザードランプを点滅させます。停車後はパーキングブレーキを作動させ、ドアを開錠し、室内灯をつけます。それでもドライバーからの反応がない場合には、モバイルネットワーク経由でエマージェンシーコールを発信します。

後から事故原因を調査できるように動作記録を保存

レベル3の自動運転機能を備えるアウディの新型A8は、トラブルが発生したときに誰が運転していたのかを明らかにするために、自動的に運転内容を記録する「DAF」（データログ記録システム）を備えています。DAFに記録されているデータを調べることによって、ドライバーとシステムの間の運転操作の権限委譲や、運転操作再開指示の有無、そのタイミングなどを後から確認できるわけです。例えば衝突事故が発生した場合、DAFは事故から遡って数秒間のデータを自動的に保存するようになっています。保存対象となる情報には以下のようなものがあります。

- ドライバーの介入情報（ドライバーによるブレーキやハンドルの操作など）
- トラフィックジャムパイロット機能の状況（システムが稼働状態にあったか

どうかなど）

●クルマの動的状況（縦・横方向の加速度など）

●環境条件（センサー情報など）

●トラフィックジャムパイロットが作動していた場合、ドライバーが運転再開できる状況にあったかどうか（ドライバーが準備の整った状態にあったことの確認など）

このように、レベル３の自動運転機能を搭載するクルマには、運転操作を自動実行する仕組みに加えて、ドライバーとの間で安全に運転操作を権限委譲するための仕掛けや、万一に備えた詳細な運転操作記録など、レベル０～２では必要とされていなかった新たな仕組みが必要になります。

なお、ドイツは２０１７年６月に施行した「道路交通法（改正法）」で、自動運転車の一般道路走行を認めると同時に、自動運転車に求める機能を定めています。アウディがＡ８に搭載する運転操作記録などの特別な機能はその要求を満たすためのものともいえます。

当然ですが、日本や他の国が自動運転車の公道走行を認める法律を制定し、その中で新たな機能の装備を求めた場合、該当国を走行する自動運転車はそれらの機能を備える必要があります。

また、レベル3の自動運転車はドライバーへの復帰要請を前提としているクルマであることから、自動車免許を持った人がドライバー席に座る必要があります。免許を持たない人が自由に移動するための自動運転車には、レベル4以上の自動運転機能が求められます。

Q　ADAS《エーダス》と自動運転の違いは何ですか

A　ADASは安全走行を主眼とするドライバー支援技術です。新機能を加えて自動運転技術として発展しているものもあります。

自動運転技術と同じような場面で広く用いられている用語にADAS（先進運転支援システム）があります。皆さんも聞いたことがあると思います。ADASはクルマの安全な走行を実現するために設計・開発されたドライバー支援技術です。自動運転はドライバーの代わりに運転することを目的として開発されていますが、ADASはドライバーが運転することを前提としており、ドライバーの運転操作の負荷を軽減したり、クルマの走行に伴う危険を回避することに力点が置かれています。

自動運転とは別に安全運転技術の開発を進めるトヨタ自動車

ADASが目指すクルマの安全性向上に向けた技術開発は、自動運転開発とは別の要素を多数含んでいます。こうしたことから自動運転車の安全性を高めるには、自動運転技術とは別に、ＡＤＡＳで目指してきた安全性確保の技術開発も求められます。この開発体制の例として、トヨタ自動車の取り組みを紹介しましょう。

トヨタ自動車の自動運転開発を担っているトヨタ・リサーチ・インスティテュートは、ショーファー（自動運転）とガーディアン（高度安全運転支援）と名付けた目的の異なる２種類の運転モードを設定して自動運転の研究開発を進めています。

ショーファーは自動運転の能力強化を主眼とする開発です。ショーファー能力が低い場合はドライバーが運転環境を監視しなければなりませんが（レベル２に近い状態）、ショーファー能力が向上すると、最終的にドライバーの関与無しにすべての運転操作をできるようになります（レベル４および５の状態）。

これに対してガーディアンは、人を守ることに主眼を置いた開発です。人が運転している間、ドライバーの過失やミス、道路上の他のクルマや障害物、他のクルマや歩行者の交通ルールの無視などを原因とするトラブルから人を守ることを目的としています。ガーディアンの能力が高まると、最終的にドライバーの過失の有無にかかわらず車両の衝突は回避され、他の車両やその他の原因によるトラブルに対しても車両を動かすなどして、被害を最小限にすることができます。

ショーファーとガーディアンは異なる開発アプローチですが、類似した認知・予測・判断・制御技術を用います。ショーファーに必要とされるハードウエアやソフトウエアはガーディアンにも利用されており、逆の場合もあるとのことです。

なおトヨタ自動車が開発中のサービス事業者向けの自動運転車「e－パレット」はガーディアン機能を備えます。他メーカーが開発した自動運転ソフトを搭載する場合でも、ガーディアン機能によってクルマの安全性を確保しようと考えているのです。

ＡＤＡＳ機能が自動運転対応で進化した「自動バレーパーキング」

ＡＤＡＳの代表的な機能としては、アダプティブクルーズコントロール（車間距離を一定にした状態で自動的に先行車両に追従走行する機能）や自動ブレーキ（衝突被害を軽減するために、接触が避けられないとクルマが判断したときにブレーキングを自動実行する機能）、自動パーキング（駐車スペースに適切に車体を収めるための運転操作を、ドライバーの監視の下で自動実行する機能）などがあります。

これらの機能は自動運転機能とも見なせますので、ＡＤＡＳと自動運転は部分的に重なっていると理解するのがいいでしょう。実際、ＡＤＡＳの代表的な機能であるアダプティブクルーズコントロールや自動パーキングは、より高度な運転操作を自動実行できるようになっており、自動運転機能として紹介されることも少なくありません。

ＡＤＡＳ機能から自動運転機能に発展した例としては、駐車場における駐車操作を自動的に実行する自動バレーパーキングがあります。ここでは、ダイムラーと独ボッシュが共同開発している自動バレーパーキングを紹介しましょう。

両社は２０１７年７月にメルセデス・ベンツ博物館の駐車場で試作システムのデモンストレーションを実施しました。ドライバーは駐車場に着いたら、指定された乗降スペースでクルマを降ります。クルマは自走して駐車場内を走り回り、空いている駐車スペースを見つけて、そこに駐車します。ドライバーが

ダイムラーとボッシュが共同開発中の自動バレーパーキング（出所：ダイムラー）

クルマに乗るときは、スマートフォン・アプリでクルマを呼び出します。クルマは駐車スペースで起動し、自走して乗降スペースで待つドライバーのところまでやってきます。

この自動パーキングシステムは、駐車場に設置されたセンサーが車両の進行方向と周囲をモニターし、車両に進むべき方向と駐車スペースをガイドすることで実現します。駐車場設備が発信するコマンドを車両が受け取り、車両はそのコマンドに沿って運転操作を自動実行します。駐車場設備と車載センサーの通信技術はボッシュが、博物館の駐車場とパイロット車両はダイムラーが用意しました。

このシステムは、既存の駐車場にも導入できるように設計されています。自動バレーパーキングは駐車場内をドライバーレスでクルマが走行するので、ドアを開け閉めするスペースを考慮する必要がありません。
両社の試算では駐車効率を20％以上高めることができるそうです。

Q なぜ自動運転に人工知能を使うのですか

A 深層学習という新しい人工知能技術を使うことで、運転スキルを効果的に高めることができるからです。

自動運転技術とは、通常はドライバーが実施している運転操作を機械が実行する技術です。ここで改めて、ドライバーが運転時に何をしているかを確認しながら、それぞれの運転操作を自動運転車ではどうやって実現しているのかを整理してみましょう。

自動運転に欠かせない深層学習、大量データの学習で精度を高める

まずドライバーは運転している間、常に周りを眼で見て、耳で音を聞いて、周辺の状況を理解します。前のクルマまでの距離がどのくらいなのか、そのクルマが次の瞬間、進行方向を変えたりブレーキを踏んだりしないかを注意深く見ているわけです。

この周辺認識を自動運転車は、カメラやセンサーから得た画像データや周辺物までの距離データを分析することで実行しています。カメラとセンサーは、周辺物がどこにあるか、そこまでの距離がどのくらいか、その形はどのようなものかを測定しています。ただし、センサーは測定するだけなので、それが人なのか自転車なのか、道路に描かれた絵なのかは分かりません。カメラやセンサーが取得したデータを画像処理ソフトで分析することで、前にある黒い物体がトラックであることや、白い線がセンターラインであることが分かるわけです。

ドライバーは周辺状況を認識したら、次にどうなるかを予測します。前を走っているトラックのブレーキランプが光ったらトラックの速度が落ちることを予測しますし、遠くでキョロキョロしながら立っている歩行者を見たら、道路を渡るかもしれないと予測します。このように、物体が何であるかを把握し、その状態や挙動から次のシーンを予測した上で、その予測に基づいてクルマをどう進ませるかを判断しています。

自動運転車において、周辺認識の精度を高めたり、次のシーンを予測したり、予測に基づいたクルマの動かし方を判断したりするときに活躍するのが人工知能です。この認識・予測・判断の精度を高めることがクルマの安全性向上に直結するのですが、それを人工知能が担当しているのです。

ただし、人工知能といってもさまざまな方法が研究されています。以前は、さまざまなルールを定義し、それらのルールを積み上げることで正しい結論を導く方法が使われていましたが、この方法ではなかなか正しさの精度を高めることができませんでした。

ここに登場したのが深層学習という新しい人工知能技術です。深層学習は、ルールを細かく与えなくても、たくさんのデータを学習することで正しい結論を人工知能自身で見つけ出せる「機械学習」の一種です。学習時に大量の計算処理が必要になりますが、認知や判断が難しい場面において適切な推論を得られるという特徴があります。深層学習の代表的な活用例としては、たくさんの動物画像の中から猫の画像を見つけ出すというものがあります。これをルールで実行していたときはなかなか精度が上がらなかったのですが、深層学習で猫の画像を大量に学習させると、人間と同等の高い精度で判断できるようになりました。大量の猫の画像データを学習することで、猫の特徴を自ら見つけ出したということです。

自動運転の開発も同様で、深層学習を用いて大量の画像データや走行データを学習すれば、周辺状況の推定、シーンの予測、運転操作の判断の精度を高めることができます。学習の仕方としては、いい走り方をしたときは加点、悪い走り方をしたときは減点する方法があります。例えば、ある経路をA地点からB地点まで走行するように設定した上で、さまざまな障害物を持ち込んで走行テストを繰り返します。そして、「障害物にぶつかったらマイナス10点、障害物までの距離が5㎝以下になったらマイナス5点」とか、「急ブレーキの数が0回ならプラス10点、3回以内ならプラス5点」といった形で評価を与え、得点が高くなるにはどう走ればいいのかを自律的に学習させるわけです。こうした仕組みで学習させるので、学習の基礎となる深層学習のアルゴリズム（問題を解くための処理手順）や評価方法、走行環境や走行データが違えば、学習で得られる運転スキルは異なるものになります。そのため、「深層学習で自動運転スキルを磨く」のは同じでも、その成果としての運転スキルは開発者や自動運転ソフトによって全く異なる可能性は十分にあります。

一般道路の走行と、大量のシミュレーション走行でスキルアップ

自動運転ソフトの運転スキルを高める方法は大きく三つあります。

第一は自動運転ソフトを搭載した実験車両を一般道路（公道）で走行させ、その走行結果を開発にフィードバックすることです。公道テストを繰り返すと、走行した道路の詳細な地図情報を獲得できるほか、それぞれの交差点や区域における事故になりそうな場面をたくさん経験することができます。実験車両は周辺認識用のセンサーやライダーを積んでいるので、それらを用いることで最新の正確なデジタル地図を作ることができます。また、事故が起こりやすい事故多発地点の走行を繰り返すと、その場所で安全に走行するにはどう走ればいいのかを学習できます。

現時点で最も多くの公道テストを実施している企業は、グーグルの自動運転開発チームが独立して誕生した米ウェイモです。グーグルは２００９年に公道でのテスト走行を始めました。２０１８年4月時点で、米国の6州、25都市で公道テストを実施しており、これまで約10年間の公道テストの総走行距離は5

00万マイルを突破しています。公道テスト用の試験車両は2017年の段階で約600台。これらのクルマで1日当たり約1万マイルを走行しています。

第二の方法は、企業が所有する私有地に街と同じようなテストコースを構築し、そこを実験車両で走行し、走行結果を開発にフィードバックすることです。ウェイモの場合は、米軍基地跡の91エーカーの土地に、カリフォルニア州の市街地を再現したテストコース「キャッスル（城）」を構築しています。一般の道路環境を再現するほか、障害物となる自動車や作業員なども配置して、事故につながりそうなシナリオを作って自動運転車をテスト走行させています。

公道とテストコースの走行テストは安全性を確認するために必要不可欠な実験ですが、深層学習用の学習データを大量に獲得することには適していません。テスト走行の距離を延ばしたくても、実験車両を実際に走らせなければならないので、おのずと限界があります。

こうした場面で効果を発揮するのが三つ目の方法であるシミュレーション走行です。これは、コンピューター上にテスト環境を構築して、コンピューターの中の仮想的な街を仮想的な自動運転車にシミュレーション走行させるというものです。シミュレーション走行では実験車両の代わりにたくさんの仮想自動

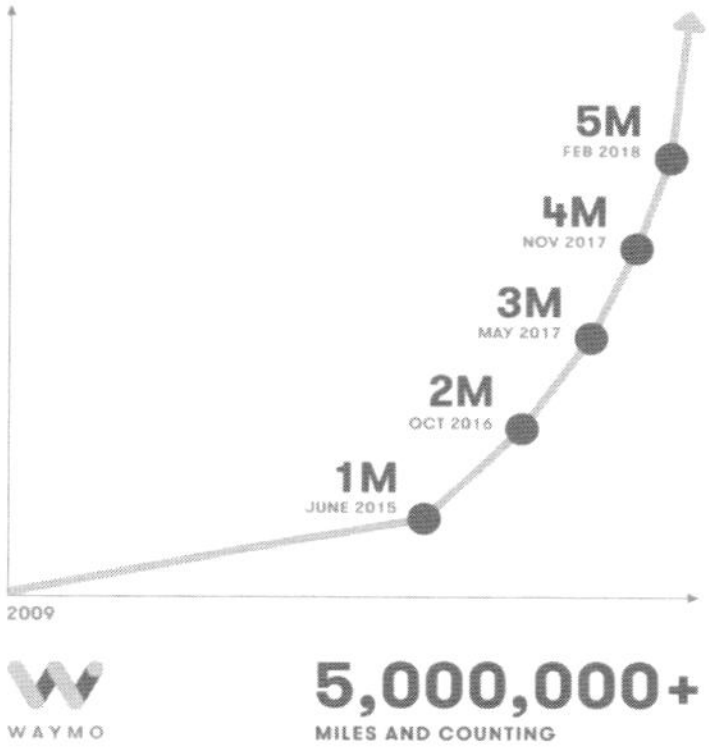

ウェイモの公道テストの総走行距離の推移。最初の100万マイル走行には6年かかったが、400万マイルから500万マイルまでの100万マイルはわずか4カ月で達成している（出所：ウェイモ）

運転車を使います。コンピューターの中で実行させるには、強力なコンピューティング環境が必要になりますが、実験車両を用いたテスト走行とは桁違いに多くのテスト走行を実行できます。コンピューター上の仮想的な街の状況を細かく変更しながら大量のシミュレーションを実行し、それらの走行データで深層学習すれば、運転スキルを飛躍的に高めることができるわけです。例えばウェイモは毎日２万５０００台の仮想自動運転車を仮想的な街で走らせています。１日当たりの総走行距離は８００万マイル。２０１７年だけで、シミュレーション走行の総走行距離は27億マイルだったそうです。

ウェイモの仮想自動運転車がシミュレーション走行する仮想的な街は、実世界のデータを基に作られたものです。その上で学習効果を高めるために、実世界には存在しない乗り物、歩行者、自転車を追加するほか、運転シーンをより複雑にするテストシナリオを作ったり、同じ交差点を何度も繰り返して運転させたりしています。公道テストのデータから作成したテストシナリオは2万以上あるそうです。

クラウドとクルマをネット連携させて学習と検証を加速

公道テストとシミュレーション走行テストは、ネットワーク上のサーバー群（クラウド）によって結びつけられていて、双方で情報をやり取りすることで開発スピードを高めています。街中を走るクルマは、自動運転での走行データと、自らが搭載するカメラやセンサーが検知した情報を無線ネットワーク経由でクラウドに送ります。クラウド側では送られてきた走行データやセンサーデータを収集して、シミュレーション走行のデータとして活用するなどして、自動運転ソフトの運転スキルを高めます。こうして自動運転ソフトの運転スキルが高まったら、今度はクラウドからクルマに最新の自動運転ソフトを配信して更新します。

更新した自動運転ソフトを用いて公道テストを実施し、その走行データをクラウドに送って分析すれば、自動運転ソフトの運転スキルの向上が実際の走行でどのくらい効果があったのかを確認することができます。

例えば、特定の状況において認識ミスや誤判断と思われるケースがあった場合は、その部分の処理を改良した自動運転ソフトをすぐに作成し、それを配信して走行データを集めることで、ソフトの改良が成功したかどうかが分かるわけです。

学習と検証をネットワーク経由で素早く実行して開発スピードを高める方法は、人工知能の開発ではよく用いられる手法です。問題を見つけたらシミュレーションで徹底的に学習して対策を身に付け、今度はそれを実際のテスト走行で確認する。シミュレーション走行と実験車両のテスト走行を繰り返すことで、問題解決の速度がどんどん高まっていくのです。

また、自動運転ソフトの一部の処理はクラウドに任せて、クルマでの処理とクラウドでの処理を組み合わせて効率化を図るという研究も進んでいます。こうすれば、莫大なデータ量を用いた処理負荷の重い計算をクラウドに任せることができるので、クルマに搭載する機器の簡素化・低コスト化が図れます。

なお、無線ネットワークを自動運転に活用するには、無線ネットワークにこれまでにない信頼性と低遅延性能が求められます。これらについては、次世代モバイルネットワーク技術として標準化作業と開発活動が進展している「5G」によって実現できるメドが立っています。5Gの実用化は、日本をはじめとする世界中の携帯電話事業者が急いでおり、2020年ごろから、地域や速度、通信性能を段階的に強化・拡充する形で商用サービスが始まりそうです。

Q 自動運転車は誰が作っているのですか？

A 自動車メーカー、新興の自動運転車開発メーカーが作っています。ただし、その実現に欠かせない技術はたくさんあって、人工知能ベンチャー、自動車部品メーカー、センサーメーカー、半導体メーカーなどがそれぞれの得意技術を持ち寄っています。

自動運転車を作っているのは自動車メーカーと新興の自動運転車開発メーカーです。大手自動車メーカーはどこも、自動運転車の開発に意欲的で、それぞれ将来の自動運転車のコンセプトカーを発表しています。

一方で、完全自動運転車を一から開発している新興企業も少なくありません。新興企業が開発を進めている自動運転車は、小型バスのような形状が多く、移動ビジネス向け車両として作られています。

自動運転機能は、複数の専門技術を組み合わせることで実現されています。その中で重要となる技術は大きく四つあります。第一は自動運転において頭脳の役割を果たす自動運転ソフト、第二は自動運転において眼の役割を果たすセンサーと画像処理ソフト、第三は自動運転ソフトや画像処理ソフトを実行するコンピューター、そして第四は詳細で正確な地図です。最初の三つはクルマが装備しますが、最後の正確な地図はネットワーク経由で走行エリアの最新データを受信しながら利用するという形になります。

重要なのは、これらの技術はどれも最新の研究開発の成果が求められる最先端のものとなるため、一つの企業が独力ですべてを開発することが難しいことです。大手自動車メーカーはさまざまな技術分野の研究開発を手掛けていますが、すべてを自前の技術で賄わなければならないとは考えていません。世界中から最もいい製品を、安く、安定的に手に入れられるように、自らも研究開発を進めて知見を高めているのです。

深層学習に強い人工知能ベンチャーが先導する自動運転ソフト開発

自動運転ソフトの開発は、大手自動車メーカー、大手自動車部品メーカー、そして世界中の人工知能ベンチャーが、それぞれ独自の人工知能技術を駆使して進めています。

自動運転は、大量のデータを基に自ら学習する機能を備える深層学習が効果を発揮する技術なので、深層学習のアルゴリズムの開発が盛んに行われています。注目したいのは、自動運転に適したアルゴリズムの開発において人工知能ベンチャーが成果を上げていることです。ウェイモはグーグルの自動運転開発チームが2016年11月に作った企業ですし、GMの自動運転技術はGMが2016年3月に買収した人工知能ベンチャーの米クルーズ・オートメーション（現GMクルーズ）が担っています。

これらの人工知能ベンチャーは、大手自動車メーカーと協力することで自動運転車の試作車を開発しています。例えばウェイモはFCAと協力し、FCAのミニバン「パシフィカ ハイブリッド」をベース車両として自動運転車を作りました。同様にGMは、GMクルーズが開発した自動運転機能をGMの電気自動車である「Bolt EV」に組み込んで試作車を製造しています。

これに対してダイムラー、BMW、アウディ、トヨタ自動車などの大手自動車メーカーは、それぞれ自動運転開発のための人工知能研究組織を発足させたり、人工知能ベンチャーに出資したりするなどして、自動運転技術の開発体制を整えています。また、自動車部品メーカーとの共同開発も盛んで、例えば、ダイムラーはボッシュと、ボルボ・カーはスウェーデンの自動車部品メーカーであるオートリブと共同子会社を設立して、それぞれ自動運転ソフトの共同開発を進めています。

自動運転開発に関する大きな企業提携としては、BMWが半導体メーカーの米インテル、画像処理技術を持つイスラエルのモービルアイと一緒に始めた自動運転プラットフォームの開発プロジェクトがあります。3社は、どの自動車メーカーにも適用できる自動運転の共通機能部分をプラットフォームとして開発し、他の自動車メーカーに提供していく考えです。この3社連合の開発プロジェクトには、自動車メーカーではFCAが、自動車部品メーカーでは独コンチネンタル、英アプティブ（旧デルファイ・オートモーティブ）、カナダのマグナ・インターナショナルが参加を表明しています。

多くの企業を巻き込んだ大がかりな試みとしては、中国で検索事業や地図事業を展開している百度《バイドゥ》が2017年4月に立ち上げた「アポロ計画」があります。百度は人工知能技術の開発に力を入れてきましたが、その成果を自動運転技術の開発に結びつけようと考えています。アポロ計画の目的は、百度が開発する自動運転向けのオープンプラットフォーム「アポロ」を広く利用してもらうことです。世界最大の自動車市場である中国市場への進出を睨んで、世界中の自動運転開発企業がアポロ計画に参加しています。

ちなみに中国は国家戦略として自動運転開発を進めており、２０１８年には中国国内での公道テストの実施ルールを整えました。これまでにも深層学習技術に自信を持つ中国企業がいくつも自動運転開発の名乗りを上げていますが、今後ますます中国企業の取り組みが加速しそうです。

周辺認識では、ライダー、カメラ、レーダーを組み合わせる

自動運転ソフトの開発と並んで、大手企業からベンチャー企業まで、多くの企業が開発競争を繰り広げている技術分野としては、ドライバーの眼の役割を担うセンサーがあります。自動運転で安全性を確保するには、クルマの周りはもちろん、少し離れた先の状況も正確に把握し、認識する必要があります。自動運転車ではこの周辺認識を確実に行うために、特性の異なる複数のセンサーをクルマに取り付けて、クルマ周辺と進行方向の少し離れた先の状況を認識できるようにしています。

センサーの中で特に研究開発が活発なのはライダーです。ライダーはレーザー光を用いて物体の検知と物体までの距離を測定する技術で、レーザーレーダーとかレーザースキャナーとも呼ばれています。測定する物体を三次元データである「三次元点群情報」として測定できるので、周辺にある物体までの正確な距離やその物体の形状を細かく知ることができます。

自動運転では、クルマの周辺状況の正確な把握とは別に、二つの用途でライダーが使われています。一つは走行している道路周辺に関する正確で詳細なデジタル地図を作ることです。高精細地図を作るクラウド地図事業者は、ライダーを搭載した測量車両を何度も走行させることで高精細地図を作っています。いつも走っている道なら、クルマが備えるライダーを用いることで高精細地図を作ることができます。

もう一つの用途は、自分がどこにいるのかを正確に割り出すことです。ライダーがあれば、ビルやタワー、橋といったランドマーク（地図上で目印となる場所）までの正確な距離を走行しながら取得できるので、自分が地図上のどこにいるのかという正確な位置を割り出せます。

では、実際の自動運転車はどのようなセンサーを装備しているのでしょうか。

GMが試作した自動運転車。ルーフ上部にライダー（円柱の物体）を５つ搭載するほか、16個のカメラと21個のレーダーを備える（出所：GM）

ここでは、GMの自動運転試作車を例に見てみましょう。

GMの自動運転車は全部で3種類のセンサーを備えています。

一つ目はライダーです。ルーフ上部の5つの円柱の物体がそれで、クルマ周辺にある物体の形状とそこまでの正確な距離を測定します。動かないモノと動くモノの両方を対象としています。

二つ目はカメラです。合計16個のカメラがクルマの至る所に取り付けてあって、歩行者、自転車、信号、進入可能スペースなどを見つけます。

三つ目はレーダーです。レーダーは用途別に3種類あり、全部で21個備えています。近距離用レーダーはクルマの周りにある障害物を見つけるためのもので、クルマのバンパー付近などにいくつも取り付けられています。長距離用レーダーは前方方向のクルマを見つけて距離を測るためのものです。もう一つはアーティキュレーティングレーダーと呼ばれるもので、遠くで動いているクルマを見つけるために利用します。

GM以外の企業が開発する自動運転車も、異なる特性を持つセンサーを組み合わせています。センサーの種類や数には違いはありますが、ライダーとカメラの他に、距離別・目的別のレーダーを組み合わせるのが一般的になっています。

自動車メーカーと自動車部品メーカーはどこも新しいセンサー技術を探しています。特にライダーについては、①クルマに搭載した状態での検知動作の安定性が十分に検証されていないこと、②遠く離れた対象物の検知や測定精度の面で改良の余地が残されていること、③現行製品が大きさと価格の面でクルマの搭載に向いていないこと――などの理由から、新技術を用いて安く小さなライダーを開発しているベンチャー企業が、自動車メーカーと自動車部品メーカーから注目されています。

例えば、ダイムラーは新興ライダーメーカーの米クアナジー・システムズに

自動運転車に見えているクルマ周辺の様子。ウェイモは内製したセンサーシステムで周辺物やその動きを認識している（出所：ウェイモ）

出資して提携関係を結んでいますし、トヨタ自動車は新興ライダーメーカーの米ルミナーテクノロジーズのライダーを最新の自動運転試作車に採用し、GMは新興ライダーメーカーの米ストローブを買収しました。このほか、自動車部品メーカーであるアプティブとマグナ・インターナショナルは新興ライダーメーカーであるイスラエルのイノビズテクノロジーズに出資して戦略的パートナーシップ契約を交わしました。アプティブはクアナジー・システムズにも出資しています。

その一方、ライダーメーカー大手の米ベロダイン・ライダーとの関係を強化する動きもあります。ベロダイン・ライダーに対して、フォード・モーターと百度は開発資金を提供し、オートリブは自動運転開発で提携し、ダイムラーは自動運転車の周辺認識システムの一部にベロダインのライダー製品を採用すると発表しました。

興味深いのは、自動運転ソフトの開発を手掛けるウェイモがセンサー開発に乗り出していることです。ＦＣＡと共同開発した自動運転車は、３種類のライダー、検知性能を高めたレーダー、８つの超高解像度マルチセンサーモジュールとカメラで構成されるビジョンシステムを搭載していますが、これらのセンサーシステムはどれもウェイモが自動運転向けに試作したものです。自動運転ソフトが必要とするセンサーデータを入手できるように、自らセンサーシステムを開発したのです。

このように、自動運転開発に取り組む企業はどこも、最新のセンサー技術の獲得を急いでいるのです。

超高速の処理能力が求められる自動運転車用コンピューター

自動運転車は、自動運転ソフトや画像処理ソフトを動作させるためのコンピューターを内蔵しています。自動運転や画像処理では人工知能の深層学習が使

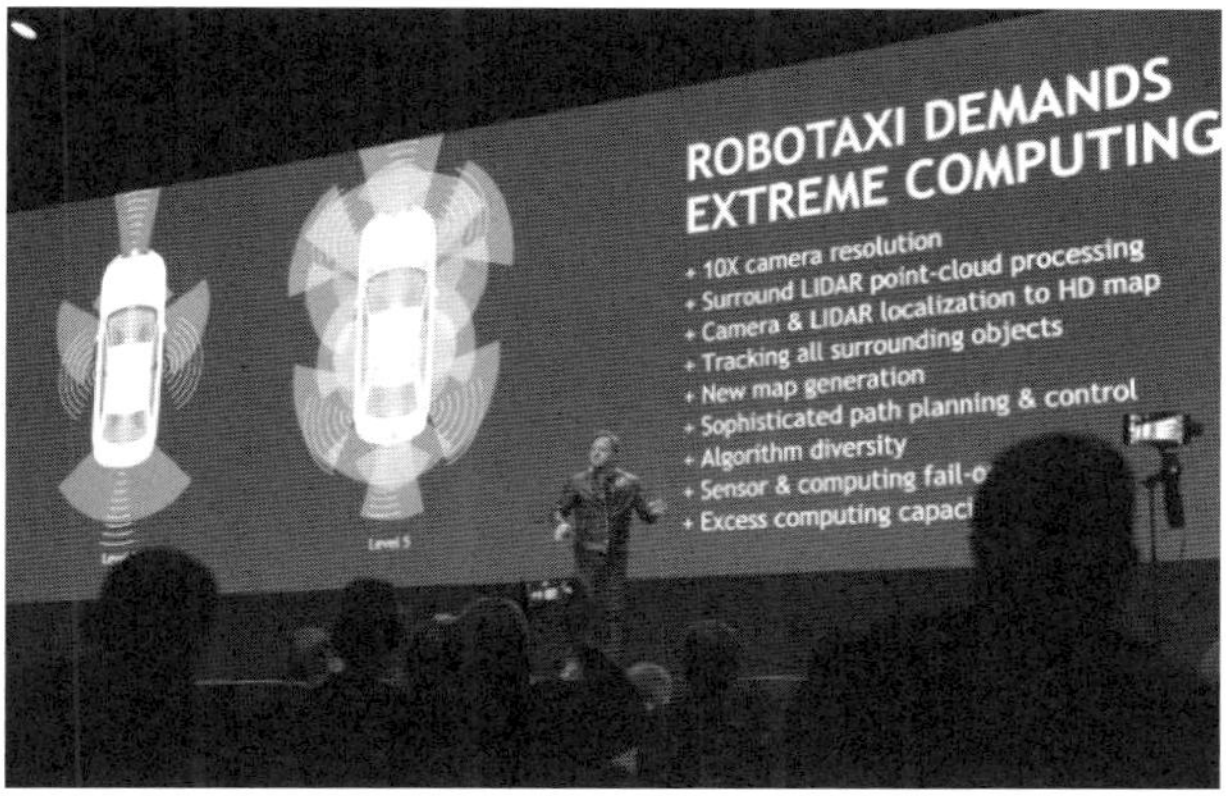

エヌビディアのロボタクシー向け製品の発表風景（出所：エヌビディア）

われているので、自動運転車向けのコンピューターには深層学習を効率よく動かすための新しい仕組みが必要になります。また、大量のセンサーデータを高速に処理するコンピューティング能力も求められます。

こうしたことから、自動運転車向けのコンピューターの開発では高速コンピューティング技術を持つ半導体メーカーが存在感を高めています。自動運転分野に注力している半導体メーカーの代表はインテルと米エヌビディアです。両社は、これまであまり車載向けの半導体は手掛けていませんでしたが、この数年で大きく方向転換して、車載コンピューターの世界でシェアを獲得するための活動を本格化しています。

例えばエヌビディアは自動運転ソフトと自動運転用コンピューターの品揃えを拡充するほか、世界中の大手自動車メーカーや自動車部品メーカーと自動運転車開発で提携しました。また、２０１７年10月にはオンデマンド配車サービス向けの自動運転車である「ロボタクシー」が必要とする高度なコンピューティングパワーを提供できるという最新の自動運転用コンピューターを発表しています。

競合するインテルも、２０１７年1月に自動運転車の開発促進を目的とする新たな製品ブランドを発表するほか、２０１７年３月には自動運転に向けた開発体制を強化するために、約１５３億ドルという巨額を投じて、自動運転開発で提携関係にあったモービルアイを買収しました。モービルアイは車載カメラが撮影する画像情報を効果的に処理することでクルマ周辺の状況を的確に把握できる独自技術を持っていて、多くの自動車メーカーがＡＤＡＳ機能を組み込む場面でこの技術を採用しています。インテルはモービルアイを買収することで、モービルアイがこれまで蓄積してきた自動運転向けの技術、人材、自動車メーカーへの導入実績を手に入れたことになります。

イージーマイルの「EZ10」の外観（出所：イージーマイル）

ドライバーレスの小型バス開発に特化する新興企業

自動運転車の開発で目を引くのは、専門の新興企業がいくつも登場して実績を重ねていることです。新興企業の多くは、乗員が手軽に移動できる小型バスをドライバーレスで実現することを考えています。ウェイモもドライバーレスの自動運転車の開発を目的としていますが、車両そのものの開発は自動車メーカーに任せる戦略を採用しています。これに対して専門の新興企業は車体設計も自らが担当しています。

こうした自動運転小型バスの開発で世界をリードしている企業は2社あります。仏イージーマイルと仏NAVYAです。

イージーマイルは2008年から欧州のテーマパーク向けの自動運転シャトルを提供していて、これまでに150万人以上の輸送実績を持っています。開発した自動運転の電動小型バスは「ＥＺ10」。12人乗り（座席数は６）で最大速度は時速40km（巡航速度は時速20km）。短い決められたルートの走行を前提に設計されていて、私有地（大学構内、空港、工場、アミューズメントパークなど）での移動サービスや、短区間限定の都市交通サービスでの利用を想定しています。

ＮＡＶＹＡは２０１４年に誕生したベンチャー企業です。２０１５年10月に「ドライバーレスの完全自動運転で動作する電動自動車」として「ＡＲＭＡ」を発表しました。こちらもＥＺ10同様に、私有地と都市部での利用を想定しています。乗車人数は15人（座席数は11人）、最大速度は時速45km（巡航速度は時速25km）です。

これらの自動運転小型バスの特徴はドライバーレスにこだわっていることです。大手自動車メーカーは基本的に、ドライバー支援を優先して設計しています。人が快適に移動することを目的としているので、今あるクルマの能力や快適さを維持することを重視します。これに対してドライバーレスを目指す企業は、今のクルマより劣る部分がいくつかあったとしても、それを受け入れることでドライバーレスが実現するのなら許容しようと考えています。速度、利用

ネクストの利用イメージと試作機の外観（出所：ネクスト・フューチャー・トランスポーテーション）

場面、乗り心地などに制限が加わることを積極的に受け入れてでも、ドライバーレスで安全に動作することを優先しているのです。

ドライバーレスの自動運転車では新しい提案も登場しています。例えば、米国カリフォルニアに開発拠点を構える新興メーカーのネクスト・フューチャー・トランスポーテーションは、横に動くエレベーターのような箱形形状の完全自動運転車「ネクスト」を開発しています。ネクストは、各車両を前後で連結でき、乗客は連結された車両間を移動できるという特徴を持っています。乗客の数や貨物の数量に応じて連結数を変えたり、食堂や売店といった用途別車両を設けて連結したりすることを、走行しながら実現することを目指しています。

Q 自動運転はいつから使えますか？

A 鉱山現場向け無人トラックは2008年に実用化されました。一般道路でのロボタクシーサービスは、米国では2019年までに、日本でも2020年までに始まります。

〝行きたい場所をクルマに話し掛けるだけで、映画を見たり、ゆっくり眠っているうちに、クルマがあなたを目的地まで運んでくれます。もちろん運転免許も要りません――〟自動運転車が街中を走り回る時代になれば、こんなコマーシャルを見たり聞いたりするようになるでしょう。ただし、このような完全自動運転機能を備える自動運転車が発売されるのは、もうしばらく先のことになりそうです。というのは、そこまでの高い技術を市販車が装備するにはもう少し時間がかかりそうだからです。

だからといって、自動運転車が社会のさまざまな場所で動き始め、人間の仕事や生活を手助けしてくれるのが遠い未来であるというわけではありません。

これから数年の間に、社会のさまざまな場所で自動運転車が使われ始め、日本でも自動運転車が社会に組み込まれ、私たちの生活を支える存在になっていくことでしょう。ここからは、自動運転車が社会の中にどのように浸透していくのかを見ていくことにしましょう。

すでに10年の利用実績を重ねる無人ダンプトラック

意外なことに思われるかもしれませんが、ドライバー不要の完全自動運転車はすでに実用化を終えています。開発したのは建機大手のコマツ。鉱山向けの無人ダンプトラックです。２００５年から試験運用を始め、２００８年1月にチリのコデルコ社銅鉱山で商用運用を開始しました。それ以降、運用実績を重ねること10年、豪州・北米・南米での無人ダンプトラックの稼働台数は合計１００台を超え、３カ国６鉱山３鉱石運搬で24時間稼働した結果、２０１７年末時点までの累計総運搬量は15億トンを記録したそうです。

運転環境で見ると、鉱山と一般道路には大きな違いがあります。鉱山の通行量は極めて少ないですし、渋滞はもちろん、急に飛び出してくる歩行者や自転車も存在しません。それでも、走行している場所の近くで人間と有人車両が働

鉱山を走り回るコマツの無人ダンプトラック（出所：コマツ）

いています。ダンプトラックは数百トンという巨大な重量を持つので、安全性確保のための技術開発が何より重要なことは一般のクルマと同じです。

さて、導入効果はどうだったのでしょうか。わずかな運転ミスが重大事故に発展する可能性のある鉱山現場において、安全性に関しては、既存の有人オペレーションに比べて格段に高まったとの評価を得ているそうです。生産性に関しても、既存の有人稼働の積み込み・運搬コスト単価に比べて、15％を超えるコスト削減効果が実証されました。さらに、最適な自動運転制御で急加速・急ハンドルが減少し、タイヤ寿命が40％延びるという改善効果が実証され、環境負荷の低減にも多大な貢献があることが分かったそうです。

この10年の実績から分かるのは、鉱山という限られた場所での利用なら、完全自動運転車は問題なく安心して利用でき、作業効率の向上や環境負荷の削減などは期待通りの効果を得られるということです。

自動運転ソフトの安全性と完成度はメーカーごとに異なる

では、一般道路を走るクルマが完全自動運転機能を搭載するには、どのような課題を解決しなければならないのでしょうか。課題は大きく四つあります。

第一は技術開発とその実施検証です。技術開発は急ピッチで進められていますが、「いつでもどんな場所でも安全に」自動運転できる状況には至っていません。濃霧・豪雨・豪雪時においては、人間同様、センサーも周辺状況を把握できないケースがありますし、動いているモノは捉えても、止まっているモノの認識が十分できなかったり、道路の分岐を示している白線をセンターラインと誤認識したり、道路に積もった雪を障害物と判定してしまったという報告もあります。

自動運転ソフトの開発に当たっては、大量のシミュレーション走行によって運転スキルを高めると同時に、公道をテスト走行して運転動作を確認したり、動作の補正や調整を図る作業が繰り返し実施されています。公道テストが盛んに行われている地域としては、米国カリフォルニア州が有名です。世界中の自動車メーカーや自動車部品メーカー、自動運転ソフト開発ベンチャーがテスト実施の申請を行い、そのテスト結果をカリフォルニア州車両管理局（DMV）に報告しています。DMVはテスト結果をメーカー別に公表していますが、そのテスト結果から自動運転ソフトがまだ開発途上にあることが分かります。

ＤＭＶは公道テストを実施するメーカーに対して、公道テスト中に、自動運転ソフトが判断に迷って運転操作をテストドライバーに引き継いだり、テストドライバーが危険だと判断して自ら運転操作に関与したりするケースがどのくらいあったのかを報告させています。この引き継ぎがどのくらいの頻度で実施されているかを見ると、自動運転ソフトの判断処理の成熟度や、テストドライバーから見た安全性能を推測することができます。

２０１７年度（２０１６年12月~２０１７年11月）の公道テストに関するDMVの資料を見ると、最も引き継ぎ頻度が少ないウェイモは「５５９６マイルに1回」ですが、第2位のGMクルーズは「１２５４マイルに1回」で、ウェイモの４倍以上の頻度で引き継ぎが発生していました。他のメーカーはこの２社の頻度を大幅に上回っていて、数マイルから数十マイルで引き継ぎが発生しているメーカーも少なくありませんでした。このことから、現段階では各社の運転ソフトの安全性能に大きな差があることが分かります。また、引き継ぎ頻度の少ないウェイモとＧＭクルーズは、公道テストの走行距離の面でも他社を引き離しており、現時点では自動運転ソフトの開発で他社に水をあけているといえそうです。

ＤＭＶの資料は自動運転ソフトの運転スキルがどんどん向上していることも示しています。例えば、ＧＭクルーズは２０１６年度の引き継ぎ頻度は54マイルに１回（走行距離は９７７６マイル）でしたが、２０１７年上半期の引き継ぎ頻度は５１８マイルに１回（走行距離は３万３１８０マイル）と10分の１に改善され、２０１７年下半期の引き継ぎ頻度は２４０２マイルに１回（走行距離は９万８４９５マイル）にまで向上しました。つまり、引き継ぎ頻度は２年間で50分の１にまで改善されたわけです。

この運転スキルの向上は、ＧＭクルーズが公道テストの場所として、クルマ・歩行者・自転車の交通量が多く、運転が難しいとされているサンフランシスコ市内を選び、同じ環境での走行テストを繰り返すことで学習効果を高めているることに関係しているのかもしれません。

一般道路での自動運転、日本では2020年に向けて制度整備が進む

一般道路での自動運転を実現するための第二の課題は法制度の整備です。なぜなら、世界中の多くの国が、クルマの運転は人間であるドライバーが実行していることを前提に法制度を作っているからです。時々「自動運転車が事故を起こしたら誰の責任になるのか」という議論を見かけますが、事故責任が誰にあるのかを決めるのは法律なので、この結論は自動運転車の存在を認める法律ができるまで待たなければなりません。自動運転車の登場によって見直しが迫られる法律としては、ドライバーの運転行為に関する法律、車両の設備や機能に関する法律、そして保険関係の法律があります。

日本では国家戦略として自動運転の実用化が進められており、東京オリンピックで自動運転車を活用するための各種作業が始まっています。具体的な目標としては、高速道路におけるレベル3の実用化や無人自動走行による移動サー

ビスの商用化などがあります。2018年4月には、制度整備の指針となる「自動運転に係る制度整備大綱」が発表されています。現時点では具体的な整備スケジュールは見えていませんが、日本においては2020年までに自動運転車関連の法制度が整備され、走行エリアや利用時間帯などに制限はあると思いますが、自動運転車が公道を走ることができるようになりそうです。

日本において見直しが必要な法制度としては、ドライバーの運転行為に関する法律は警察庁所管の道路交通法（道交法）、車両関連は国土交通省所管の道路運送車両法、保険関連は自動車損害賠償保障法（自賠法）があります。これらの法律はどれも、無人の自動運転車の存在を想定していません。

例えば、レベル3の自動運転機能を備えるクルマが登場し、その機能を用いて公道を走行したとしましょう。この場合、現行の道交法下ではドライバーが安全運転義務を果たしていないと判断される可能性が出てきます。メーカーはこうしたトラブルを招かないように、レベル3の自動運転機能を開発したとしても、関連する法律がすべて改正されるまで自動運転機能のユーザーへの提供を待つことになるでしょう。

実際、レベル3の自動運転機能を市販車に搭載することを発表したアウディは、自動運転機能の提供は法制度が整った地域から始めると説明しています。アウディの地元であるドイツは、２０１７年6月に道路交通法改正法を施行して自動運転車の公道走行を認めています。ただし、車両関係の法律はまだ改正されていないので、アウディはドイツのクルマ関連のすべての法律が整備されてから、レベル３の自動運転機能の提供を始める予定です。

車両関係の道路運送車両法は、公道を走るクルマが備えるべき機器や機能を規定したものです。例えば、ハンドルやブレーキペダルを持たないクルマは国内の公道を走行できませんでしたが、これはこの法律に違反するためです。この法律については、国内で見直しが始まっています。国土交通省は２０１７年2月に「国内での自動運転車の公道実証実験を可能にする」ことを目的に、道路運送車両の保安基準を緩和しました。これにより、ハンドル、アクセルペダル、ブレーキペダルを備えない車両であっても、速度制限、走行ルートの限定、緊急停止ボタンの設置などの安全確保措置が講じられていれば、公道走行できるようになりました。

車両関係の規定については、国連欧州経済委員会にあるＷＰ29（自動車基準調和世界フォーラム）で議論されていて、ここでの決定事項を参考に各国が自国の規定を制定するという流れになります。ＷＰ29は自動運転に対応した標準の改正作業を続けています。例えば自動操舵に関する国際標準「ＵＮ－Ｒ79」は動作条件を「時速10㎞以下」と規定していますが、これでは高速道路などでの自動操舵が実現できません。そこでＷＰ29では速度上限を緩和する方向で議論を進めています。

交通事故被害者の救済を目的に作られた自賠法もドライバーの存在を前提としています。ですから、自動運転車が起こした交通事故の損害補償を今の自賠法と同様の手法で担保するには、自賠法を改正して自動運転車対応にするか、自動運転車向けの新たな法制度を作る必要があります。自賠法関連の法制度の見直しに関しては、国土交通省が２０１６年秋から「自動運転における損害賠償責任に関する研究会」を開催して議論を進めていて、２０１８年3月に制度改定に向けて議論すべき論点を整理した報告書を発表しています。

高精細デジタル地図はリアルタイム更新で安全性が高まる

一般道路での自動運転車利用に向けた第三の課題は、高精細なデジタル地図の整備です。障害物も歩行者も信号もない限られたエリアで決まった経路を走るなら、自動運転車が備えるセンサー、画像認識処理ソフト、自動運転ソフト、車載コンピューターを駆使することで、ある程度は安全に自動運転できます。しかし、交通量の多い一般道路で安全な自動運転を実現するとなると、自分がどこにいて、自分の周辺環境がどうなっているのかを正確に把握するための高精細地図が必要になります。

自動運転車はまず自車が道路上（車線内）のどこにいるのかを正確に把握した上で、前後左右のクルマまでの距離がどのくらいなのかを確認しながら運転操作します。一般道路はクルマが他のクルマに取り囲まれることが多く、車載センサーだけでは見通しのきかないこともあり、正確な位置を把握するのは簡単でありません。自車がどこにいるのかを正確に知るために必要となるのが、走行している道路周辺の詳細で正確な「高精細デジタル地図」です。

今あるカーナビが持っているＧＰＳは、自車位置推定の誤差が数メートルになることもあります。メートル単位の誤差が生じると、自動運転では周りのクルマやガードレールにぶつかる危険が出てきます。安全性を確保するには、走行エリア周辺の高精細デジタル地図を持ち、その地図上のどこにいるのかをセンサーやGPSの情報からを見つけ出して、誤差数cmという精度で認識しなければならないのです。

この高精細デジタル地図は三次元情報で構成されるのでデータ量は膨大になります。このため、世界中あるいは日本中のすべての一般道路に関する地図データをあらかじめクルマに持たせておくことはできません。実際の運用では、走行するエリアのデジタル地図をネットワーク上にあるサーバー群（クラウド）から配信してもらって利用することになりそうです。

高精細デジタル地図の整備に当たっては、ライダーなどの高性能センサーを搭載した「地図測定車両」を何度も走行させてエリアごとの三次元データを収集する必要があります。現在、高精細デジタル地図の整備に取り組んでいる企業としては、独HEREテクノロジーズとオランダのトムトムインターナショナルが有名です。どちらの企業も米国と欧州の高速道路を中心に高精細地図の整備を進めていますが、一般道路についてはこれからになりそうです。

日本では2017年6月に事業会社となったダイナミックマップ基盤が高精細デジタル地図の整備を進めることになっています。国内にあるすべての高速道路と自動車専用道路（上下線合計で約3万km）の高精細デジタル地図を20

デジタル地図作成用の測量車両（出所：ＨＥＲＥテクノロジーズ）

18年度中に整備する予定です。

自動運転のための地図は最初に構築するのも大変ですが、最新状況に合わせて随時更新しなければなりません。また、時間帯で車線が変更されたり、事故によって交通規制が加わることも考慮しなければなりません。こうしたことから、高精細デジタル地図の整備は、渋滞や事故、工事や交通規制、事故多発地点といった交通関連情報も組み込んだものにする方向で検討が進んでいます。

交通関連情報には、道路形状や車線情報、信号機の場所や構造物の形、事故多発地点といった時間の経過による変化が小さい「静的な情報」と、渋滞・事故情報、工事・規制情報、天気などのように時間経過とともに情報内容が大きく変化する「動的な情報」があります。これらの情報を高精細デジタル地図の中に組み込んだ多次元地図はダイナミックマップと呼ばれています。

自動運転車がクラウドから受信する走行エリアのダイナミックマップが、いつも最新の情報にアップデートされていれば、走行時の安全性を高めることができます。そのためには、クラウド地図を作る側が、どれだけ多くの走行車両からリアルタイムに交通情報・道路情報を取り込めるかが重要になってきます。特に車線規制や交通規制、速度制限などについては、走行中のクルマがセンサーで取得した交通情報をリアルタイムで大量に取得できるようにしておかなければ信頼性を高めることができません。こうしたことから、HEREやトムトムは自動車メーカーや自動車部品メーカー、センサーメーカーなどと協力して、走行しているクルマとの間で交通情報・道路情報をやり取りできる体制を整えています。

自動運転車に対する拒否反応を解消できるか

一般道路での自動運転車の利用に向けた第四の課題は、社会が自動運転車に対して持っている漠然とした、あるいは明確な拒否反応を解消できるかどうかです。このことは「自動運転に対する社会受容性」と呼ばれ、一般道路での自動運転車利用の実現の鍵を握るポイントと見られています。

多くの新技術と同じように、自動運転にも魅力的な部分と危険で怖い部分があります。そして、危険で怖い部分については、それがどのようなものなのかを実際に使って体験し、未知の不安を自分の中で解消しなければなかなか受け入れることはできません。自動運転車が走り回る社会を受け入れるには、自動運転車とはどのようなものなのか実際に使ってみて、存在そのものに慣れる必要があります。

こうした問題意識から始まっているのが、一般の人々と一緒に自動運転車を活用する実証実験です。自動運転ソフトの開発に欠かせない公道テストは、その実施を公開することで、社会に自動運転車が存在することを伝える効果はあります。ただし、その多くは自動運転ソフトの動作検証のために実施されていて、一般の人が自動運転車に乗ったり、活用したりすることはできませんでした。この流れに２０１７年から変化が生まれています。自動運転車を社会の一部に組み込むための実証実験が始まったのです。いくつか具体例を紹介しましょう。

ドローンを搭載する自動配送バンで配達する様子（出所：ダイムラー）

一つ目は、自動車メーカーが小売企業や物流企業と共同で、商品や配達物の配送を自動配送バンで実施する試みです。米フォード・モーターはピザ販売の米ドミノ・ピザ、ダイムラーはスイスのオンライン販売事業者ｓｉｒｏｏｐ、エヌビディアと独ＺＦフリードリヒスハーフェンは運送業の独ドイツポストＤＨＬ——といった形で、自動運転車開発企業と一般企業が共同で自動運転車を活用した実証実験を始めています。日本でもディー・エヌ・エーとヤマト運輸が共同で、自動運転車両を用いた配送実験を２０１８年４月に実施しています。

配送現場での先駆的な取り組みとしては、ドローンを装備する自動配送バン「メルセデス・ベンツＶｉｔｏ」を用いるダイムラーの実験があります。配送実験に用いられるドローンは、最大２キログラムのパッケージを運ぶことができるそうです。ちなみにダイムラーは、自走式の小型配送ロボットを搭載する自動配送バンも開発中です。

二つ目は、一般市民に自動運転車を体験してもらう中で自動運転車の課題を探る試みです。代表的なものにスウェーデンのボルボ・カーの「ドライブ・ミー・プロジェクト」があります。ボルボ・カーが自治体などと協力関係を結んで、一般市民がモニターとして乗車する公道を用いた実証実験です。同様の試みとしては、ウェイモが米国アリゾナ州で始めた「アーリーライダープログラム」もあります。自動運転車を米国の一般市民の移動用途に貸し出す活動で、それぞれの利用状況における使用感や要望を利用者から集めています。

三つ目は、自動運転車と街中の日常の調和を調査することを目的とした実証実験です。例えば、ウェイモはアリゾナ州チャンドラー市消防警察部と協力し、消防車・パトカー・白バイなどの緊急車両が走行したときの自動運転車の反応をテストしました。

社会が自動運転車をどう受け止めるかという観点の調査も実施されています。これは「歩道を歩いている人、自転車の運転者、一般のドライバーが自動運転車を見たらどのように振る舞うか」という調査で、フォード・モーターと米バ

白バイ走行時の自動運転車の反応テストの実施風景。白いクルマはウェイモとFCAが共同開発した自動運転車（出所：ウェイモ）

ージニア・テック・トランスポーテーション・インスティテュートが共同で行いました。この調査の目的は、人間が容易に理解できる標準的で視覚的な〝言語〟を開発することにあります。人間のドライバーは、歩行者とアイコンタクトすることで意思疎通できますが、自動運転車はそれができません。この調査では、人間のアイコンタクトに変わるコミュニケーションの方法を探っているのです。

調査に用いられる実験車両は自動運転車のように見える装備をまとい、「言語」を表現するための外部照明を備えます。ドライバーは、座席のように見えるテスト用の衣服「シートスーツ」を着て運転し、運転状態や停止状態を示す照明信号を表示して歩行者の反応を調べました。

「社会が自動運転車をどう受け止めるか」という観点の調査に用いられた実験車両と「シートスーツ」を着るドライバー（出所：フォード・モーター）

自動運転車の公道走行、利用環境の限定で安全性を確保

ここまで見てきたように、一般道路を自動運転車が安全に走行できるようにするには解決しなければならない課題がいくつも残されています。ただし、それらの課題のいくつかは、利用する際に一定の制限を加えれば解決できるものでもあります。例えば、走行エリアと走行経路を限定するとします。そうすれば、高精細デジタル地図の整備とシミュレーション走行で学習すべきコースを限定できるので、そこだけに開発リソースを集

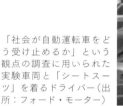

中することで、効率よく「特定エリアに特化した」完成度の高い自動運転車を作ることができます。また、最大走行速度を低く設定したり、雨や夜間の走行を避けたり、通行量の少ない経路だけを通るようにするなど、運用条件を細かく設定することでも安全性を高めることができます。

日本国内では2017年からさまざまな場所で実証実験が始められています。それらの多くは検証すべき課題を変えながら2019年まで進められる予定ですが、こうした検証を通して「利用できる条件」が見極められていくことでしょう。

次に、利用できる条件に照らしながら、自動運転車が社会にどのように広がっていくのかを考えてみましょう。

最初は、広大な私有地での自動運転車の活用です。鉱山に限らず、敷地の中を車で移動しなければならない場所はたくさんあります。空港・大学・娯楽施設・発電所・工場などでは、バスやトラックが行き交っていますが、ここなら自動運転車は今でも利用することができます。公道ではないので、法制度の整備を待つ必要がないからです。

例えば、NAVYAは同社の自動運転バス「ARMA」を　フランス電力会

フランス電力会社のシヴォー原子力発電所内を走行する「ARMA」（出所：NAVYA）

社のシヴォー原子力発電所、英国ロンドン・ヒースロー空港、ニュージーランドのクライストチャーチ国際空港などに持ち込んで、実証実験や試験運用を始めています。こうした私有地での活用はすでに始まっていますが、今後も利用場面を広げていくでしょう。

公道での実用化はドライバーレスの限定利用から始まる

次の展開は、私有地での稼働実績を持つ自動運転バスを用いた都市交通ソリューションです。具体的には路線バスや送迎バスなど、ある程度、走行経路が決まっている場面で自動運転車を活用することです。ＥＺ10とＡＲＭＡは世界中で自治体と共同での公道実証実験を重ねていますし、その運用に向けた準備も始めています。例えばイージーマイルは、都市交通の統合ソリューションを共同開発するために輸送機器大手の仏アルストムから出資を受けたほか、ドライバーレスカーを用いたシェア型輸送に関する保険ソリューションを開発するために損害保険会社の独アリアンツ・ワールドワイド・パートナーズと提携しています。一方のＮＡＶＹＡも、スイスのバス事業者であるポストバスやフランスの大手交通機関であるケオリと提携してバス事業の運用実験を始めたり、運行支援や技術支援を実施する専門企業との協業を始めています。

自動運転バスの実証実験は日本でも始まっています。安全性確保や運用コストの問題などが出てくるかもしれませんが、２０２０年までに実証実験を発展させた試験運用サービスが始まる可能性は十分にあります。

その次の段階は、レベル４～５のタクシー用途向け自動運転車「ロボタクシー」を活用したオンデマンド配車サービスです。ただし、普通のタクシーのように、いつでもどこでも利用できて、行き先を問わないといった使い方にはならないでしょう。利用できるエリア・時間帯・経路などが細かく限定され、配車の手配と決済はスマートフォン・アプリを用いた格好になるでしょう。

オンデマンド配車サービスについては、日本では２０２０年に始まりそうです。これを実現するために２０２０年までに法整備が完了する予定ですし、開発側も具体的な実証実験に取り組んでいます。例えば日産自動車とディー・エヌ・エーは、スマートフォンを用いた新しいオンデマンド配車サービス「イージーライド」の実証実験を２０１８年３月に横浜市で実施しています。

日本での公道実証実験ではドライバーシートにテストドライバーが乗車するのが一般的ですが、米国ではドライバーレスでの実証実験も始まっています。例えば、ウェイモは２０１７年11月よりアリゾナ州で実施中のアーリーライダープログラムにおいてテストドライバーを同乗させない形での運用を始めました。運転席も助手席も空席のまま、後部座席に乗客を乗せて目的地まで走行させています。

ウェイモはこの実証実験をオンデマンド配車サービスに発展させる計画を持っており、２０１８年中にアリゾナ州の一部ユーザーを対象とするオンデマンド配車サービスを始める予定です。

ウェイモはオンデマンド配車サービス向けの自動運転車を自動車メーカー２社と共同開発しています。一つは、公道テスト向けの実験車両を共同開発して

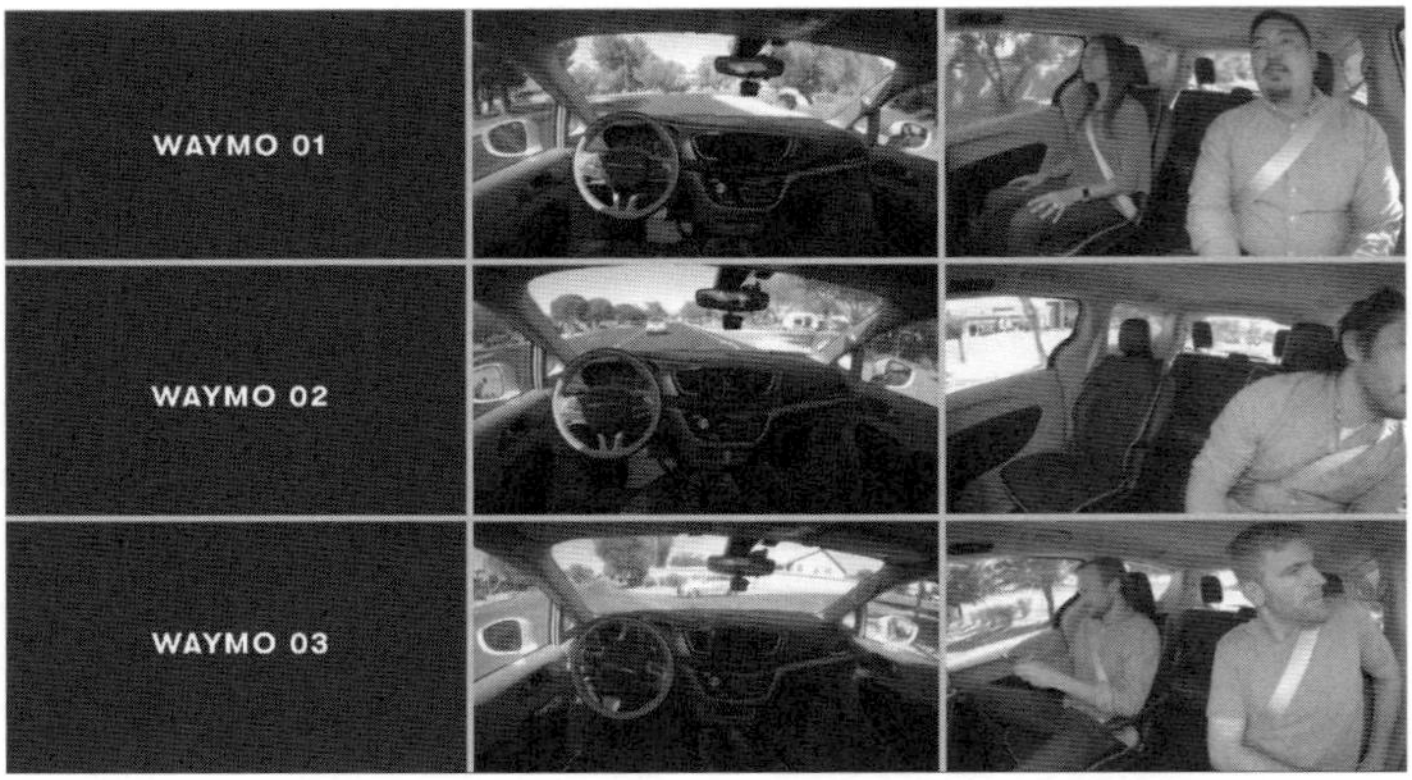

ウェイモがドライバーレスで実施しているアーリーライダープログラムの様子。3台の自動運転車の運転席と助手席は空席で、後部座席に乗客を乗せている（出所：ウェイモ）

いるＦＣＡです。ＦＣＡはこれまでに全部で６００台の「パシフィカ ハイブリッド」をウェイモに提供し、両社で自動運転車を開発して公道テストに使用してきました。この提携関係をさらに進め、２０１８年中に数千台規模のパシフィカ ハイブリッドの自動運転車を開発し、オンデマンド配車サービスで利用する計画を進めています。

もう1社は英ジャガー・ランドローバーです。自動運転車のベース車両はジャガー・ランドローバー初の電気自動車である「Ｉ－ＰＡＣＥ」です。２０２０年までに最大2万台の自動運転車を共同開発する計画です。

ＧＭが２０１９年にドライバーレスの自動運転車を実用化へ

ウェイモとジャガー・ランドローバーが共同開発する自動運転車。ベース車両はジャガー・ランドローバー初の電気自動車「I-PACE」（出所：ジャガー・ランドローバー）

米国における自動運転車の実用化に関しては、２０１８年に入ってから大きな動きが二つありました。

一つは商品化の動きです。声を上げたのは、自動運転ソフトのスキルアップが目覚ましいＧＭです。２０１８年1月、ハンドルもペダルもない完全自動運転車「クルーズＡＶ」を２０１９年に実用化すると発表しました。この発表と併せて、２０１９年までに自動運転車の公道走行を成功させるために、米国運輸省に対して「クルーズＡＶ」の公道走行許可を申請したそうです。「クルーズＡＶ」はドライバーレスを前提として開発された量産型の自動運転車で、ハンドル、アクセルペダル、ブレーキペダ

GMが2019年に実用化予定の完全自動運転車「クルーズAV」の内装（出所：GM）

ルに加え、手動操作用のスイッチもありません。

現段階でクルーズＡＶが自家用の自動運転車として発売されるのかどうか分かりませんが、ハンドルやペダルがないという仕様から、走行エリアを限定したり、遠隔管理を実現しやすいオンデマンド配車事業者向けの販売から始まりそうです。

もう一つの変化は制度の改定です。２０１８年４月、カリフォルニア州車両管理局は自動運転車の実用化に向けて、ドライバーレスの公道テストと自動運転車の公共利用について、それぞれ申請を受け付けるための規定を発表しました。これによって、自動運転開発メーカーはカリフォルニア州におけるドライバーレスカーの公道走行の実施条件を手に入れることができたともいえます。どのような条件を満たせばドライバーレスの公道テストや自動運転車の公共利用を実施できるのかが明確になったので、今後、多くの企業が条件をクリアした自動運転車を開発して申請し、今以上に、カリフォルニア州での自動運転車の公道走行が活発になるでしょう。

これらの活動状況から見ると、米国では遅くとも２０１９年には、「パシフィカ ハイブリッド」「Ｉ－ＰＡＣＥ」「クルーズＡＶ」という3種類のベース車両からなるロボタクシーが登場し、これらを用いたオンデマンド配車サービスが始まることでしょう。

レベル3の実用化、開発側もユーザー側も負担は大きい

さて、皆さんが最も気になっているのは、マイカーが備える自動運転機能ではないでしょうか。渋滞時などは自動運転にして一眠りし、渋滞がなくなったら自分でハンドルを握ってドライブ気分を楽しみたいところです。となると、レベル３以上の自家用車向けの自動運転機能の早期実用化を期待したくなります。自動運転機能がレベル２と同じ内容でも、運転操作から解放されれば、精

神的・肉体的な負担がかなり軽減されるでしょう。すでにアウディとテスラはレベル3以上の自動運転開発を終えていることを表明しているので、今は法制度が整備されるのを待つ状態にあるとも言えます。また、「ドライバーレスの自動運転車や自動運転バスの実証実験があちこちで進んでいるのに、なぜドライバーを前提とする自動運転車の方が開発に時間がかかっているのだろう」と疑問に思っている人がいるかもしれません。

ここで知っておきたいことは、ドライバーの存在を前提とするレベル3やレベル4の自動運転車の開発が、ドライバーレスの自動運転車の開発より簡単であるとは限らないことです。特にレベル3はドライバーに運転操作への復帰義務が課せられるため、それを安全に実現する仕組みがクルマに組み込まれます。そして、ドライバーに運転操作への復帰義務があるとしても、商品化を考えると、ドライバーが運転操作を引き継がないときでも安全に車両を制御する機能を付け加えなくてはなりません。安全性に不安がある商品をユーザーが購入することはないからです。

こうしたことから、レベル3の自動運転車には、ドライバーレスのクルマなら不要だった「自動運転を安全に実行するために追加すべき必須機能」をいくつも装備しなければなりません。代表的な追加機能は以下の通りです。

①自動運転機能が利用できる状況かどうかを判断し、それをドライバーに伝える機能
②ドライバーが自動運転モードを起動したことを認識する機能
③ドライバーが運転操作に戻れる状況にあるかを常時監視する機能
④ドライバーに運転操作への復帰を強く促す機能
⑤ドライバー操作を検知し、ドライバーが運転操作に復帰したことを認識する機能
⑥ドライバーがシステムの要請に対応できなかったときに車両を安全に停車させる機能

これまでクルマは、ドライバーが常時運転できる状態にあることを前提に設計されてきたわけですが、レベル3はドライバーが運転できる状態かどうかをクルマ自身がチェックして、どちらの状態であっても対処できるようにシステムを開発しなければなりません。しかも自動運転モードで走行できる環境が限

られているので、常時、走行環境を監視する必要があります。加えてレベル3では、運転操作の引き継ぎが正しく安全に実行できるような仕組みと、安全な引き継ぎを期待できるかどうかをチェックして、引き継ぎがなされなかった場合に強制的な車両制御を実施して安全を守る仕組みも用意しなければならないわけです。これらの機能はどれもドライバーレスなら不要です。整理すると、レベル3を実現するための技術開発は、ドライバーレスの自動運転車にはない別の難しさをクリアしなければならないことになります。

レベル3の実用化に向けた課題は他にもあります。ドライバーにレベル3の自動運転モードの使い方を詳しく知ってもらう必要があることです。レベル3の自動運転車のドライバーには「運転復帰の義務」が課せられます。仮に、ドライバーが課せられる義務を十分に理解していたつもりでも、運転復帰に関連した各種操作でのヒューマンエラー、システムの不具合、システムの動作に対する理解不足に基づく誤操作など、これまでのクルマでは存在しなかった新たな事故原因によって事故が起こる可能性があります。

実際、現在のレベル2の自動運転車が自動運転モードで起こした事故や、テストドライバーが乗車している状態での自動運転車の公道テスト時の事故のいくつかは、ドライバーが適切に運転に復帰できなかったことが原因となっています。こうしたケースでは、ドライバーは常に運転操作を監視しなければならないことは分かっていたはずです。それでも事故が起こってしまうわけですから、少しの間であっても監視義務がなくなる状態を作り出すレベル３については、より確実に運転に復帰する仕組みと、万一の場合の安全対策が求められます。このように安全性確保が難しいという事情から、レベル３の製品化は見送るべきだという意見さえも出てきています。

おそらくレベル３の実用化は、メーカーによって、また国や地域によって相異なるものになるでしょう。また、それぞれの自動運転機能が指定する利用環境と復帰動作へのガイドも、クルマによって異なってくる可能性が高いです。将来、皆さんがレベル３の自動運転車を利用するときは、そのクルマの自動運転機能が使える環境はどのようなもので、ドライバーに何を求めているのかを十分に理解することを忘れないようにしてください。

Q 自動運転でなくなる仕事はありますか?

A 減っていく仕事はあります。ただし、自動運転が作る新しい仕事もたくさんあります。

自動運転車が普及することによって、おそらくいくつかの仕事は減っていくことになるでしょう。特に、タクシードライバーの仕事は、ドライバーレスの自動運転車によるオンデマンド配車サービスの広がりによって、次第に減っていくでしょう。

とはいえ、これから10年程度の間にドライバーという職がなくなることはありません。すべての一般道路で自動運転が利用可能になるのはまだまだ先のことですし、職業ドライバーの仕事は安全な運転操作のほかに、乗客の乗降支援や物品の配達、料金徴収などがあるからです。日本の場合は、今の職業ドライバーが置かれている過酷な労働環境を少しでも改善するために、自動運転でできるところを探して、労働負荷の軽減を図るところから始めるべきだと思います。

自動運転によって運転業務が減っていく一方で、自動運転車の登場で新たな仕事も生まれます。その新しい仕事とは何でしょうか。このことを考える上で注意したいのは、自動運転車が走り回る近未来は、今の自動車産業の常識が通用しないことです。なぜなら、自動運転社会が作る新市場は、これからの社会が求めるニーズの上に成り立つからです。その中で自動運転技術が大きな役割を果たすことは間違いありませんが、もっと大きなトレンドが自動車と移動サービスの世界に押し寄せてきています。それは、スマートフォン・アプリを用いたオンデマンド配車サービスです。

オンデマンド配車＋ドライバーレスが自動車産業に変革をもたらす

ここで改めて、クルマが完全自動運転車に置き換わるまでに、社会はどのように変わっていくのかを整理しておきましょう。ここ数年の自動車産業を取り巻く状況を見ていると、「配車プラットフォーム」と「ドライバーレス」が成長のエンジンとなり、産業構造に大きな影響を与えることが予想されます。

配車プラットフォームとは、ライドシェアサービスやオンデマンド配車サービスにおいて、ユーザーからのスマートフォン・アプリでの配車依頼を受け付け、街中を走っている空車の中から適切なクルマにユーザーの待つ場所に向かうように指示するシステムのことです。

移動ニーズのあるユーザーと空車を効率的に結びつける配車プラットフォームの登場によって、オンデマンド配車サービスは多くのユーザーに受け入れられるようになりました。

ユーザーは目的に応じて乗るクルマの種類を選べるので、ちょっとした街中の移動なら他のユーザーと一緒に乗車するライドシェアで割安な料金で移動し、お客さんに街を案内する用途なら少々料金が高くなってもシートがゆったりした高級車を選ぶといった使い方ができるようになりました。配車するクルマを選択するときに、ユーザーが与えたドライバーの評価点数や目的地までの支払料金を確認できることも、一般のタクシーにはない便利なところです。また、自分が手配したクルマが今どこにいて、いつ自分のところにやってくるのかをスマートフォン画面でリアルタイムに確認できることも安心感を高めます。こうしたオンデマンド配車サービスでの利便性は、今後の移動サービスにおいて標準的なサービス水準となるでしょう。

このオンデマンド配車サービスの世界に自動運転技術が導入されれば、これまでサービス提供のボトルネックだったドライバーの負荷と賃金を考えることなく移動サービスを提供できるようになります。オンデマンド配車事業者がドライバーレスの自動運転車である「ロボタクシー」を購入してサービスに使えば、365日24時間稼働させることができます。ドライバーへの賃金が不要な上に、クルマの稼働率を大幅に高めることができるので、生産性は劇的に高まり、料金を値下げしても利益拡大が望めます。

現在、多くの自動運転開発企業が自動運転車の用途として真っ先にオンデマンド配車サービスを掲げるのは、オンデマンド配車サービスにおける自動運転車は収益を生むエンジンそのものとなるからです。これまでタクシーやバスを運用するときに一番大きな支出となっていたのはドライバーの人件費でした。自動運転車の価格が普通のクルマより高いとしても、人件費を支払わなくて済むなら、オンデマンド配車事業者は導入を検討できます。

オンデマンド配車事業者側も自動運転機能に強い関心を示しています。自らが自動運転機能の技術を手に入れることができれば、ドライバーへの支払いをカットできるだけでなく、自社のオンデマンド配車システムと効果的に組み合

フォルクスワーゲンの完全自動運転車のコンセプトモデル「セドリック」の外観と専用リモコンの「OneButton」（出所：フォルクスワーゲン）

わせることで運用効率を今以上に高められると考えているからです。オンデマンド配車事業大手のウーバーテクノロジーズは自ら自動運転技術開発に乗り出していますし、米国のオンデマンド配車事業大手のリフトは、ウェイモをはじめとする自動運転ソフトを開発するベンチャー企業3社とロボタクシー向けの自動運転開発で提携するほか、GM、フォード・モーター、ジャガー・ランドローバーとはロボタクシー車両の調達で提携関係を結んでいます。

オンデマンド配車サービスを魅力的にする新しい動きは他にもあります。代表例は、普段は自家用車として使われているドライバーレスの自動運転車

ダイムラーが開発したドライバーレス自動運転車のコンセプトモデル「smart vision EQ fortwo」の外観。セドリック同様、使わないときはオンデマンド配車サービスへの貸し出しを提案している（出所：ダイムラー）

を、所有者が使っていないときに移動サービス事業者に貸し出すというものです。独フォルクスワーゲンはドライバーレスの自動運転車のコンセプトモデル「セドリック」を発表した際に、所有者が使わないときはオンデマンド配車事業者に貸し出すことを提案しています。セドリックの所有者は、専用リモコンを使って自分のいるところにセドリックを呼び出します。旅行先や出張先でもこの専用リモコンは利用できます。出先で専用リモコンのボタンを押すと、その近くでオンデマンド配車サービスに貸し出されているセドリックがやってくるというわけです。

ダイムラーも自家用のドライバーレス自動運転車を発表しており、フォルクスワーゲンと同様に、所有者が使っていないときには貸し出せるようにすることを提案しています。オンデマンド配車事業者からすると、ドライバーレス自動運転車の貸し出し車両が増えることは、サービス提供車両の品揃えを広げることにつながるだけでなく、車両の調達コストを安く抑えることにもつながります。

所有者が自分のクルマを使わないときに第三者に貸し出すことは、宿泊サービスで急成長している民泊に共通する考え方といえます。民泊は、自分が所有する住宅を貸したい貸主と、宿泊先を探している人を結びつける「宿泊施設紹介サービス」です。このビジネスモデルを受け入れる一般ユーザーが拡大している現状を考えると、自分のクルマを貸し出して収入を得たいと願う人や、他人のクルマを呼び出して使いたい人は少なくないでしょう。

はっきりしているのは、オンデマンド配車サービスはロボタクシーという新たな市場を生み出す存在であることと、オンデマンド配車サービスの広がりが自動車メーカーの新車販売に大きな影響を与えることです。大手自動車メーカーはこのこともよく理解していて、オンデマンド配車事業者との提携関係を強めたり、自らが子会社を作るなどしてオンデマンド配車サービス関連の事業に乗り出しています。例えば、ダイムラー、フォード・モーター、フォルクスワーゲンはオンデマンド配車事業者への出資や買収を進めたり、オンデマンド配車サービスを提供するための専門子会社を設立していますし、GMとジャガー・ランドローバーはリフトに出資しています。

オンデマンド配車事業者は、自動車メーカーからするとロボタクシーの大口顧客であると同時に、自分たちの新車販売活動にブレーキをかける競合事業者でもあります。このことを象徴する言葉として、ダイムラーの会長がダイムラーとウーバーテクノロジーズとの関係を表現するために用いた「フレネミー」があります。友人（フレンド）であり、敵（エネミー）でもあるというわけです。

高稼働率と自動運転対応が迫る修理・補修ビジネスの高度化

自動運転車によるオンデマンド配車サービスがどんどん魅力的になった状況を想定すると、今の自動車産業と比べて縮小する事業分野と拡大する事業分野が見えてきます。縮小するのは新車販売に関係する事業で、拡大するのはメンテナンスに関係する事業です。

現在のクルマのオーナーは、所有するクルマの稼働率に対する不満はあまり感じていません。基本的には「いつでも使える」「好きなクルマに乗りたい」といった観点でクルマを所有するかどうかを決めています。この状況は、魅力的な移動サービスが登場することで変化する可能性があります。好みのクルマを安く、手軽に、好きなタイミングで利用できるなら、クルマを所有したいというニーズはどんどん小さくなり、所有するにしても、使っていないときはオンデマンド配車サービスなどのモビリティサービスに貸し出すことで収入を得るという考え方が広がるかもしれません。

このように自動運転車をシェアしながら活用していくのが当たり前になれば、自動運転車の稼働率が高まります。もし社会全体としてのクルマの利用機会に変化がないならば、街中に存在する総車両数は少なくて済むことになります。つまり新車の販売台数は減少していくでしょう。

その一方で、メンテナンスの必要性はこれまでより高まります。稼働率が高いことに加えて、自動運転車は装備する機器が正確に動作することを常に求めるので、頻繁なメンテナンスが求められるからです。ソフトウエアの更新やセキュリティ対策はもちろんですが、センサーが正しく周囲を認識できるように、取り付け状態を調整したり、泥や汚れを落とすようなメンテナンスが求められるかもしれません。自動運転車の修理に詳しい専門の事業者によるメンテナンスを定期的に受けていないと、自動運転機能が働かなくなるようなケースもあるでしょう。

こうしたことを先読みするように、オンデマンド配車サービスの提供を予定するウェイモはメンテナンス体制の整備を進めています。ライダープログラムの運用に当たって車両メンテナンスに関する協力関係を米国のレンタカー事業者であるエイビス・バジェット・グループと結んでいるほか、２０１７年11月には自動運転車の車両メンテナンスと保守に関する複数年契約を、自動車小売業大手の米オートネーションと交わしています。

自動運転車の運用に関わる新たなビジネスとしては、サイバーセキュリティ対策サービスや遠隔運転支援サービスなども登場するでしょう。このほかにも、自動運転機能を安全かつ便利に利用できるようにするために、さまざまな新しい運用支援サービスが開発されるでしょう。

これまでも自動車は定期的なメンテナンスは求められていましたが、クルマの価値は新車の状態が一番高く、それから時間経過とともに価値は下がっていくものでした。これに対して自動運転車は、自動運転ソフトの更新で自動運転機能の能力アップが期待できます。例えば、自動運転モードの走行機能や走行環境が拡充されれば、クルマの価値そのものが高まるでしょう。もちろん、高度なメンテナンスを定期的に実行し、遠隔操作支援などの付加サービスを利用すれば、それだけの新たな出費を覚悟しなければなりません。こうした運用コストを考えると、やはり自動運転車の導入は、稼働率の高さが収益に直結するオンデマンド配車サービスから始まりそうです。

渋滞はなくなる？　都市部では〝自動運転渋滞〟が起こる？

自動運転車が多くの社会課題を解決する可能性があることを否定する人はいませんが、どのくらい確かなのかはまだ見えていないのが実情です。すべての環境が今の状態のままで自動運転車だけが社会の中に突然入ってくるわけではないので、自動運転車の浸透の仕方によっては、社会課題がさらに悪化することもあり得ます。

例えば都市交通における渋滞問題を考えてみましょう。高速道路における渋滞は、ドライバーの頻繁なブレーキ操作で発生するケースが多いため、自動運転によって解消される期待は大きいです。ただし、多数の信号と交差点が存在する都市部の渋滞は、高速道路の渋滞とは異なります。今でもアジアの大都市の道路はクルマであふれていますし、空港やホテルのオンデマンド配車サービス向けの乗降場所にはたくさんのクルマが並んでいます。クルマによる移動が手軽で便利になることは、これまでバスや電車を使っていた人のクルマ利用を促進するわけですから、社会全体のクルマによる移動需要を増やすことになるでしょう。スマートフォンでいつでも呼び出せる便利さを考えると、都市部での道路渋滞をかえって悪化させることに加えて、例えば、会社や病院の玄関や地下鉄の出入り口付近で大量の自動運転車が並んで利用者を待っているような新たな渋滞を起こしかねません。

このように、自動運転車が普及することによって新たな問題が生じる可能性はあります。ただし、こうした新たな問題が生まれることは、それを解決するマーケットが生まれるということでもあります。これから都市づくりや街づくりをはじめ、多くの人が集まる場所を新たに作るときは、自動運転車の活用ニーズが必ず生まれると思います。そのとき、きっと多くの企業が、まだ見ぬ「自動運転がもたらす新たな社会課題」を解決するための新ビジネスを立ち上げることでしょう。

保険はどうなる？　サイバーセキュリティやオンデマンドで新商品

もう一つ、自動運転の影響を受ける産業としてしばしば話題に上る「自動車保険」について見ておきましょう。

「自動運転車は事故を起こさないから、自動車保険には入らなくて済む。だから保険料負担はなくなる」といった話は、保険業界の方はもちろん、ドライバーにとっても気になるところだと思います。確かに、自動運転車はドライバーが運転するクルマより事故発生率が大幅に低くなることが予想されますから、これから数十年先、街中を走るほとんどのクルマがドライバーレスのレベル5の自動運転車になったときは、現状の自動車保険ビジネスは今よりかなり小さくなっていることが予想されます。

ただし、これから十年くらいの間で考えると、街中を走るほとんどのクルマはレベル2以下の自動運転車であり、レベル3以上の自動運転でも自動運転モードで走行できる区間は限られるので、ドライバー責任での走行機会はそれなりにあるはずです。このため、今と同じ自動車保険が必要になるでしょう。

また、事故率が低くなることは十分に期待できますが、だからといって保険料が安くなるとは限りません。保険料は、事故率と修理コストで決まるからです。自動運転車はライダーをはじめとする高額部品を数多く装備しているので、修理コストは一般のクルマよりかなり高くなるでしょう。事故率が低下しても、修理コストが跳ね上がるなら、結果として保険料が上がってしまう可能性もあるのです。

また、レベル4以上の自動運転車を購入したとしても、自動車保険を契約しなくて済むとは限りません。現在の議論では、自動運転車が起こした事故による被害者救済は自賠責保険制度の仕組みを適用することになっているからです。自動運転車を購入した場合も自賠責保険への加入義務を負うことになりそうです。

一方で、自動運転車向けの新しい損害保険商品が登場する可能性もあります。損害保険商品は、大きな損害のリスクがあれば誕生します。自動運転車を利用することによる新たなリスクとしては、サイバー攻撃があります。一般企業を対象としたサイバーセキュリティ保険は登場していますので、サイバー攻撃によって生じた被害の補償に関する法律の内容によっては、自動運転車向けのサイバーセキュリティ保険が提供されることになるかもしれません。

オンデマンド配車事業者向けの損害保険商品としては「オンデマンド保険」の提供が始まりそうです。オンデマンド保険は、あらゆるものを対象とする期間限定型の損害保険商品として登場しました。これまでは物品を対象とすることが多かったわけですが、いわゆる海外旅行保険のような形で、オンデマンド配車サービスを利用するときに使われるようになる可能性があります。例えばウェイモは、自動運転車に対する不安を緩和することを目的に、オンデマンド保険を提供する米トロブと提携しています。オンデマンド配車サービスの乗客が乗車中にトラブルを被った場合に、保険を適用して乗客に補償する考えです。

このように、自動運転車の登場で仕事がなくなるといわれている自動車保険業界でも、自動運転車の登場で新たな保険商品がいくつも生まれつつあります。自動運転車を安心して便利に使えるような仕組みが登場するのはこれからです。自動運転車が普及するならば、それを支えるたくさんの新しい仕事が誕生することになるでしょう。

第二部

専門家が見通す〝自動運転の未来〟

第二部では、自動運転車が街中を走り回る〝自動運転社会〟が来ることを前提に、その時代がどうなっているのか、その未来に向けてどんな準備をしておくべきかなどについて、自動運転に関係するさまざまな産業分野の専門家にインタビューした内容を報告します。

専門家の皆さんと話して感じるのは、どなたも近い将来、自動運転車が走り回る世界がやってくることをごく自然に受け止めていることと、それが社会にとって価値あるものにするためには、今から多くの準備をしておかなければならないと強く認識していることです。

それでは、早速、専門家が見通す自動運転社会を紹介しましょう。なお、お話を伺った専門家の皆さんの所属と肩書は取材当時のものです（巻末の「初出一覧」を参照）。

トラック輸送業の専門家に聞く

Q 運送業は自動運転に否定的ですか？

A ドライバーの高齢化と人手不足が深刻なので、自動運転は大歓迎です。ただし、解決しなければならない課題はたくさんあります。

回答者　全日本トラック協会　常務理事　永嶋功さん

トラックの自動運転走行の実証実験や新興トラックメーカーの自動運転車の開発は国内外で活発に進められています。ヤマト運輸とディー・エヌ・エーは宅配便の配達に自動運転技術を活用する実験を始めていますし、ドライバーシートに人影のない〝無人トラック〟の走行映像も珍しくなくなりました。将来、無人トラックが高速道路や一般道路を走り回るようになれば、トラックの稼働率が上がり、適正速度の巡航走行などの効果で燃費が改善されるという予測もあります。

その一方で、自動運転がプロドライバーから運転業務という仕事を奪い、トラックドライバーという職業が不要になってしまうのではないか、という懸念の声も聞こえています。運送業にとって、プラスとマイナスの要素を持つ自動運転技術の導入について、運送業の現場はどのように考えているのでしょうか。トラック運送業の現場を知る永嶋さんに、自動運転が作るトラック運送業の未来を聞きました。

自動運転は大歓迎、負荷軽減だけでなくドライバーの安全性が高まる

――ドライバーの高齢化など、トラック運送業が抱える事業上の課題が自動運転で解決できるのではという期待の声が上がっています。トラック運送業界は自動運転を歓迎しているのでしょうか。

永嶋さん　ドライバーの負荷軽減につながる自動運転は大いに歓迎したい。大歓迎です。ドライバーの負荷を軽減する仕組みはどんどん取り入れていきたいです。ドライバーの高齢化や労働力不足が深刻化しているので、もっと早く進めてくれという声さえ上がっています。負荷軽減の観点だけでなく、ドライバーの安全を守るという観点からも、今後の技術進展に大きな期待をかけていま

す。

――無人トラックが走り回るようになれば、ドライバーの労務費を削減できるほか、輸送頻度を高めて事業効率を上げられる可能性があります。ただ、そうなると、ドライバーから職業を奪うことになるのではないかという指摘もありますが・・・。

永嶋さん　仮に自動運転が可能になっても、今のわが国の状況では、直ちに「無人トラック」が公道を走るということまでは考えにくいです。それに、そもそも「ドライバーが職を追われることになるから、自動運転は問題だ」といった発想はありません。今のトラック運送業界では、ドライバーの高齢化が進み、一方で少子化や労働環境などの影響もあり、若いドライバーのなり手がどんどん減っています。トラック運送業界の労働力不足は将来にわたって続くものと考えており、むしろ無人トラックへの期待は大きいといえます。

特に経営者サイドでは、無人トラックが実用化されれば、人手不足や労働コストの上昇といった経営課題が改善されるのではないか、という願望を持つ人が多いです。

――運転のアシストだけでなく、ドライバーの役割も果たしてくれることを期待する声があるということでしょうか。

永嶋さん　そうです。自動運転に関する報道が広まっていることもあって、トラックの世界にも自動運転がすぐにやってくるのではないかという期待が大きいのです。運転が楽になったり、人間より機械が運転する方が安全になったりということも考えられます。

実際のところ、乗用車は人（ドライバー）が移動するためのツールとして、常に人が乗車していることが前提となります。だから、乗用車の自動運転は、ドライバーをどれだけアシストできるかを議論することから始まってきました。これに対してトラックの自動運転はすぐに〝無人トラック〟が連想されます。トラックはモノを運ぶためのツールだから、無人でもよいのではないかということになるのでしょう。言い換えれば、それだけトラックの自動運転に求められる期待度が高いともいえます。

一方で、無人トラックの実現には、解決しなければならない問題や課題が山積していることも指摘しておかねばなりません。

トラックは大きくて重量もあるから、高度で完成度の高い技術が必要

――無人トラックでの走行テストは始まっていますが、技術的な不安がしばらくの間は解消されないということですか。

永嶋さん　技術的な不安は非常に大きいです。特に指摘しておきたいことは、乗用車とトラックの技術は全く別物ということです。トラックは大きく、重量もあるため、より高度で完成度の高い技術が求められます。

さらに、トラックは車種によって、大きさや長さが全然違ってきます。例えば車線変更にしても、長さが12メートルの大型トラックには、より高度で慎重な運転が求められ、システムもそれだけ複雑になります。トラックはその大きさや重さゆえに、事故を起こしたときの被害が乗用車のそれと比べて格段に大きくなるわけです。それゆえ、乗用車よりも何倍も精緻で厳しい制御機構が求められます。こうした違いがあるため、乗用車の自動運転の技術がすぐに中・大型トラックに転用できるとは思いません。

これまでのところ、トラックの自動運転走行に関するわが国での一定規模の

研究は、高速道路での隊列走行だけと言っていいでしょう。一般道を無人トラックが走行できる技術の開発となると、相当先のことになりそうです。乗用車では実用化されている自動運転による車庫入れや縦列駐車も、トラックではなかなか実現できていません。アラウンドビューさえないのが実情です。

このように、トラックの方が乗用車より自動運転技術の開発は難しいと考えられます。それだけ開発コストもかかるでしょう。トラックの販売市場は乗用車に比べて圧倒的に小さいです。国内の自動車保有台数は約８０００万台ですが、事業用トラックに限れば１３０万台程度しかないのです。しかも事業用トラックの大半は受注生産で、輸送品目に見合った各社各様の特別仕様です。

トラックという一つの言葉でくくってはいますが、大きさや車型のバリエーションは数千種類あるともいわれています。汎用的なトラック向け自動運転技術が作れるかどうかも分からないし、その開発コストをどう回収するかの問題もあります。

無人化実現への障害、人を運ぶタクシーやバスの方が小さい

――技術の問題以外の懸念点は何かありますか。

永嶋さん　トラックドライバーの仕事は運転だけではありません。輸送サービスの現場で、運ぶモノの価値を保つという重要な役割を果たしています。トラック運送業者は、さまざまな目的でいろいろなモノを運んでいます。運転業務はもちろん大事ですが、貨物の積み卸し作業や荷扱いも重要です。例えば、花や果物には積み方や組み合わせを間違えると商品価値を損なうものがあります。中には、走り方に注文が付く荷物もあります。運ぶ荷物の特性に沿って、それぞれに適した積み付けや走り方をしなければなりません。

このため、将来、仮に完全自動運転車がトラックの世界に登場しても、「無人トラック」が街中を行き交うという姿にはなりにくいのではないでしょうか。運転という役割がなくなっても、街中のトラックには貨物の積み卸しが輸送サービスの一環として求められ、それなりの人手はかかります。宅配でもマンションやオフィスビルなどでは戸口までの横持ち（手運搬）が必要となります。こうした観点で考えると、モノではなく人を輸送するタクシーやバスの方が、

無人化することの障害は小さいかもしれません。

――トラックの自動運転で期待するのは何ですか。

永嶋さん　トラックの世界でも、技術の進展によってさまざまな自動化が進んできました。例えば、長距離用の大型トラックのトランスミッションはオートマチックが主流になりつつあります。その理由は、省エネを追求するためにギアの段数が十数段と、複雑で細かくなったためです。

ここまで細かくなると、ギアの選択において9速で走るのと10速で走るのはどちらが効率的なのか、一般のドライバーでは判断がつかなくなってきました。だから、最適な段数は機械に任せるようになったのです。

我々は毎年、全国トラックドライバー・コンテストというイベントを実施して、優れたドライバーを表彰しています。そこで優勝するドライバーの運転技術は本当に素晴らしい。特にトレーラーは運転が難しく、彼らの車庫入れやバックスラロームなどの運転技術は簡単に真似できない離れ業です。例えば、そうした名人芸ともいえるドライビング技術をボタン一つで再現できるような仕組みをトラックに装備すれば、ドライバーの負荷は大幅に軽くなり、事故防止

全国トラックドライバー・コンテストの実技風景（出所：全日本トラック協会）

や街中の渋滞緩和などに貢献できるでしょう。当面は、そんなトラックの早期実現を期待したいです。

カーナビゲーションの専門家に聞く

Q 自動運転でカーナビはなくなりますか？

A カーナビ機能は自動運転の一部に取り込まれるでしょう。そして デジタル地図は今より重要になります。

回答者　パイオニア　理事　畑野一良さん

自動車はこれまでもエレクトロニクスやIT（情報技術）の最新技術を取り込んで、その価値を高めてきました。その代表例といえるのはカーナビゲーションシステムです。カーナビゲーションは、目的地を指定すると、そこまでの最短経路を地図上で見つけ出してドライバーに伝えるために開発されました。自動運転車は、目的地を指定すると、クルマが自走して目的地まで乗員を運んでくれる機能なので、カーナビゲーション機能を標準装備することが予想されます。今あるカーナビゲーション機能は自動運転機能によって置き換えられることになるのでしょうか。

１９９０年に世界初のＧＰＳ（全地球測位システム）搭載市販カーナビを世に送り出したパイオニアの畑野一良理事は今、自動運転技術と格闘中です。キーワードはレーザー光を用いた距離測定センサーである「ライダー」と「デジタル地図」。エレクトロニクス技術で自動車の価値創造に取り組んできた畑野さんに、自動運転時代のカーエレクトロニクスの役割を聞きました。

クルマの空間設計における二大変革は自動運転とライドシェア

――自動運転をはじめとして、自動車を取り巻く世界が変わりつつあります。自動車に求められる役割や価値が変わってくるのではないでしょうか。

畑野さん　自動車が持つ大きな魅力に、ドライバーや同乗者に楽しい空間を提供できることがあります。いい音を追求できるし、臨場感も作りやすい。音楽を聴く空間としてちょうどいいわけです。運転しながら歌手の声に合わせて大声で歌うという、カラオケにはない別の楽しみもあります。個室であることもあって、感情を発散しやすく、カタルシスを感じやすい空間といえます。

この快適空間設計を考えるとき、今、同時に起こっている二つの変革の影響は無視できません。自動運転とライドシェアです。この二つは相互に作用して〝化学変化〟を起こすかもしれません。自動車がどのような存在になっていくのかについては、いろいろな可能性があります。予想は難しいですが、それだけ楽しみでもあります。

――自動車メーカーとライドシェア事業者の提携は始まっていて、化学変化が生じる基盤は整いつつあります。自動運転とライドシェアが結びつけば、所有する自動運転車を自分が使わないときにライドシェア事業者に貸し出す、といった新しい用途や価値が生まれるかもしれないという指摘もあります。

畑野さん　ライドシェアというカースタイルは、自動車を利用者相互でシェアし、使いたいときだけ予約して使用するという新しい価値観に根差しています。この価値観に魅力を感じる人も多いでしょう。ただ、所有することで得られていた利便性はなくなります。車を所有していれば出かけたいときにすぐに出発できましたが、ライドシェアでは車が来るまで少し待たなければなりません。この〝少し待つ〟という不便さをどれだけの人が受け入れられるのでしょうか。

以前、通信カーナビを開発したときに学んだことがあります。通信カーナビの特徴は最新の地図情報をその場で入手できることにありました。ただし、通信できるデータ量に制限があったため、地図情報は簡易なものでした。最新情報を入手できることは評価してもらえたのですが、慣れ親しんだリッチな地図を求める声が多く、このプロジェクトはうまくいきませんでした。慣れ親しんだ便利さはなかなか捨てられないのです。これは、新しい価値を提供するときに共通する課題なのかもしれません。

自動車メーカーだからといって、注力する領域が同じとは限らない

――自動運転は自動車メーカーが積極的に取り組んでいる技術分野ですが、多くのカーエレクトロニクス・メーカーも関心を示しています。

畑野さん　自動運転技術は人の命にかかわるので、二重三重の安全性が求められます。複数の方式を併用して安全性を高めていかなければなりません。現時点で自動運転技術全体の業界共通のアーキテクチャーは確立されていません。自動車メーカーを中心に、各社がそれぞれのやり方で進めているのが実情です。

自動運転を構成する技術分野はいくつかあります。できるだけ多くの技術分野に自ら乗り出して開発したいと考える自動車メーカーもあれば、他社にいいものがあればそれがコア技術であっても、他社の技術を積極的に取り入れようと考えるところもあります。自動車メーカーだからといって、注力する領域が同じとは限らないのです。

自動運転には非常に多くの要素技術がありますが、我々は、自車位置の推定と周辺環境認識のソリューションを、自社開発中のセンサーである三次元ライダーと、地図データを使って開発しています。

三次元ライダーは周りの物体までの距離を正確に測定できるセンサーです。対象となる物体までの距離を三次元データである「三次元点群情報」として測定できるので、目標物までの距離情報から自分の正確な位置を割り出すことができるほか、周りにある障害物までの正確な距離や障害物の形状を知ることができます。

一般道路での自動運転、高精細地図がなければ実現できない

自動運転を実現する技術はこれだけではありません。正確な自車位置を推定

するためには高精細なデジタル地図が必要になります。高精細なデジタル地図がないと照らすべきものがないので、詳細な自車位置を推定できないからです。

――高精細なデジタル地図がなければ自動運転はできないのですか。

畑野さん　できません。自動運転をするには、自分がどこにいるのか、そして周囲にはどのような形状の物体があるのかを5cm、10cmの精度で知る必要があるからです。今のカーナビで使っている地図とGPSベースの自車位置測定では数メートルの誤差が生じてしまう。これでは安全に走れません。

実際、米グーグルをはじめとする自動運転の実験をしている企業は皆、自力でデジタル地図作成に取り組んでいます。デジタル地図がなければ実験できないからです。ただし、自動車メーカーは世界中の地図をすべて自力で作ろうとしているわけではありません。例えば欧州では、これまでカーナビ向けの地図を提供してきた地図事業者が高精細なデジタル地図の作成に乗り出しています。多くの自動車メーカーは、それぞれの地域に応じたデジタル地図を専門の地図事業者から購入して使うことになるでしょう。

――日本では高精度なデジタル地図作りが始まった段階ですが、それが完成するまで自動運転車は登場しないのでしょうか。

畑野さん　高速道路と専用道路なら、対象となる道路が限られているから、専門の地図事業者でなくても高精細なデジタル地図を作ることができるでしょう。自動車メーカーが自前で地図を用意するかもしれません。

しかし一般道となると話は別です。将来、日本中あるいは世界中で自動運転車が走り回る時代には、カーナビの地図とは比較にならない精度とデータ量の地図を用意しなければなりません。

自動運転の開発は二つのフェーズがあると思います。一つは２０２０年頃までをターゲットとするもので、対象は高速道路と自動車専用道路です。それぞれの開発企業が独自のやり方で進めています。次のフェーズは一般道が対象となります。ターゲットは２０２５年頃。こちらについては、すべての技術を一つの開発企業が自力で作り上げることはできないでしょう。デジタル地図にしても、フォーマットなどが標準化され、それに沿った形での提供が求められます。すでにそうした標準化に向けた取り組みも始まっています。

――デジタル地図大手の独HEREテクノロジーズと共同で実証実験を予定していますが、その狙いは何ですか。

畑野さん　我々のライダーと地図を使った、自動運転に必要な位置推定と地図の更新技術を欧米で活用すれば、HEREの情報収集やデータ更新にも役立つのではないかという話になり、一緒に実証実験することになりました。

デジタル地図は最初に作る作業も大事ですが、それを常にアップデートして最新の状態を保つことも重要です。我々のソリューションがあれば、地図作成のための特別仕様の測定車を大量に走り回らせなくても、ライダーを積んだ一般の自動車から得た情報を使ってデジタル地図を更新できます。我々は、地図会社のインクリメントPを子会社に持っており、これまで培ってきた地図作りのノウハウがあります。実験ではそれを実証していきたいです。

――自動運転向けセンサーの開発競争は激化しています。開発したライダーの特徴は何ですか。

畑野さん　自動運転ではライダーのほかに、ミリ波レーダーやカメラなど異なる方式のセンサーが用途別に用いられています。ライダーの特徴は他のセンサーより距離測定の精度が高いことにあります。この正確な測定技術は自動運転に欠かせないので、今の自動運転実験車両はどれもライダーを装着して走行しています。

ライダーは当初、大きくて高額な汎用製品しかありませんでした。そのままではすべての自動車に装着できません。そこで我々はMEMS《メムス》（微小電子機械システム）技術を活用するなどして、小さく安く作れるメドを立てました。

ライダーとデジタル地図の組み合わせ方は時代とともに変化する

――ライダーの技術開発力がパイオニアの自動運転に関する競争力の源泉ですか。

畑野さん　それもありますが、もっと大事なことがあります。ライダーが測定したデータとデジタル地図を組み合わせて正確な位置を推定するデジタル処理技術です。我々はここに注力しています。なぜなら、自車位置推定に用いる二つのデータ、「地図情報」と「測定データ」の組み合わせ方は、技術の進歩とともに変化するものだからです。

デジタル地図の情報量がプアならライダーは高性能でなければなりません。逆に言えば、ライダーの性能が上がるなら、デジタル地図の情報量を抑えることができます。デジタル地図は精度が高いほど、ライダーは性能が高いほど、維持や開発にコストがかかります。だから、ライダーが高性能になることを想定して、最適なバランスや組み合わせに対応できる処理技術を開発しているのです。我々の製品より低価格で高性能のライダーが登場したら、そのライダーを活用したソリューションも開発する考えです。

——自動運転が浸透したとき、カーナビはどうなると考えていますか。

畑野さん　自動運転における必須機能がナビゲーションですから、次第にカーナビの機能は自動運転機能の中に取り込まれていくことでしょう。ただ、〝カーナビ〟という個別の商品形態がなくなったとしても、ナビゲーションという機能は、情報提供、操作性、表示の豊かさなどで進化していくはずです。

法律の専門家に聞く（その1）

Q　法律が求める自動運転とは？

A　〝いいかげんさ〟が必要です。道路交通法を守りつつ、周囲に順応して走行しなければなりません。

回答者　花水木法律事務所　弁護士　小林正啓さん

自動運転の未来を考えるとき、避けて通れないテーマに「法制度」があります。現在の法制度はすべて「公道を走る自動車は、人間がドライバーとして乗車して制御する」ことを前提として作られているからです。

〝ドライバーレス〟の自動運転車にかかわる事故責任を負うのは誰になるのかとか、自動運転車が起こした事故被害者の救済を確実に実行するためのセーフティネットはどうあるべきかといった個別の制度にしても、その議論は法制度全体をどう作り直すのかというところから始めなければならないでしょう。

ロボットや人工知能の技術と事業に詳しく、いくつもの政府機関／研究機関の委員やオブザーバーを務める小林弁護士に、法制度の観点から考慮すべき課題を聞きました。

――今の法制度のままでは自動運転社会を迎えることができないと聞きます。問題点を整理していただけますか。

小林さん　自動運転にかかわってくる主要な法律としては、警察庁が所管する「道路交通法（道交法）」と国土交通省が管轄する「道路運送車両法」があります。どちらの法律も無人の自動運転車を想定していません。例えば、ドライバーがいない状態で公道を走ると、道交法違反になってしまいます。無人の自動運転車を実用化するには、まずはドライバーレスの完全自動運転車を認める法制度への大改正が必要となります。

自動運転といっても、「加速・操舵《そうだ》・制動のいずれかの操作をシステムが行う」レベル1から、「加速・操舵・制動のすべてをシステムが行い、ドライバーが全く関与しない」レベル5まで、5段階あるとされています。このうち、ドライバーが常時運転を制御するレベル2までは、現行道交法でもおおむね対応可能とされています。

これに対して、「加速・操舵・制動をすべてシステムが行い、システムが要請したときのみドライバーが対応する」レベル3は、現行道交法下では、ドライバーの安全運転義務違反となります。だからレベル3以上の自動運転車については、道路交通法の改正を待たなければなりません。

運転操作の権限委譲、確実かつ明確に実行する技術が必要に

——法的責任の観点で見ると、レベル3はシステム（自動車）が制御しているときと、ドライバーが制御しているときが存在します。切り分けは難しいのではないでしょうか。

小林さん　レベル3は、平時の運転はすべて自動車が行い、人間は非常時に備えて待機する状態の自動運転のことです。レベル3の運転時の事故はレベル4と同じ扱いになり、非常時に自動車の制御を人間に委ねた後はレベル2以下と同じになります。このため、レベル3固有の問題は、システム側から人間側へ制御の権限を委譲している状況で起こることになります。

重要なポイントは、この権限委譲を確実かつ明確に行えるような技術を確立することです。例えば、権限委譲までの時間をカウントダウンするなどの仕組みが必要になるでしょう。その時間は、一説には10秒程度といわれています。もっとも、10秒経過した後に事故が起こったとしても、ドライバーにすべての責任を負わせることはできません。ドライバーが完全に運転を掌握するまでの間は、「路肩に停車する」などの安全措置をシステム側で取る必要があるでしょうし、安全措置を取るまでの間に起こった事故の責任は、システム側も負うことになるでしょう。

――完全自動運転では、「道交法の順守」の達成をどう実現するのか、どう証明していくのかという部分が気になります。

小林さん　道交法はドライバーに数多くの義務を課しています。例えば道交法第七条は、「道路を通行する歩行者又は車両等は、信号機の表示する信号又は警察官等の手信号等に従わなければならない」と定めています。そして、道路交通法施行令で青、黄、赤のそれぞれの意味を決めています。

それぞれの色の意味するところには、あいまいな部分があります。例えば、黄信号の場合、「当該停止位置に近接しているため安全に停止することができない」ときには進行が認められていますが、その判断方法を人工知能にどう実装すればよいのでしょうか。赤信号時は「すでに左折／右折している」ときはそのまま進行できると定められていますが、交差点のどの部分まで進入していれば進行してよいのかを適切に判断できる人工知能を開発・実装しなければなりません。

道交法順守を厳密に実行すると事故を誘発しかねない

信号の注視義務の順守も簡単ではありません。道交法は人間のドライバーに対して、信号機の目視を求めています。ただし実際の環境では、例えば直前に大型トラックがいて信号機が見えない状態で待っているようなときは、大型トラックが動き出した段階で（信号機を目視せずに）信号が変わったと判断して動き出すことでしょう。

このような例を考えると、道交法を厳しく順守すれば問題ないとも言い切れないことが分かります。例えば「青信号を目視しない限り、進んではならない」という厳格なプログラムを搭載した自動運転車は、周りの円滑な通行を乱し、事故を誘発しかねないからです。

――信号機の注視義務に関して、自動運転車ならではの解決策はありませんか。

小林さん　一つの解決方法として、信号機の表示色を電波で送信することが考えられます。いわゆる路車間通信（道路標識等のインフラ設備から自動車に情報伝達して安全運転を支援するシステム）の活用です。ただ、路車間通信の実現に当たっては、国際的な取り決めが必要になります。信号の色と意味がジュネーブ条約で決まっているように、路車間通信の決まり事も世界共通でなければなりません。地域別の仕様になると安全が脅かされるし、自動運転車の輸出が困難になります。

いずれにしても、事故を起こさないようにするには、杓子《しゃくし》定規に道交法を守るのではなく、道交法を順守しながらも周囲に合わせて制御する「いいかげんな人工知能」が求められるでしょう。

自動運転車の人身事故、メーカー担当者やプログラマーの過失証明は難しい

――ドライバーレスの完全自動運転車が人身事故を起こした場合、誰に対して刑事責任を問うことになるのでしょうか。

小林さん　自動車事故で問われる刑事責任としては、例えば自動車運転過失致死傷罪があります。同罪で被告人を有罪とするためには、その人の過失を検察官が立証しなければなりません。完全自動運転車の場合、刑事責任を問われ得るのは誤った運転をした人工知能ではなく、その人工知能を開発したメーカーの担当者やプログラマーになりますが、過失の立証は極めて困難になるでしょう。

なぜなら、深層学習で経験を積んだ人工知能の場合、プログラミングをした当人といえども、人工知能の判断ミスや操作ミスを、事前に予測することは不可能に近いからです。

人身事故で被害者がいるのに、刑事責任を問えないということに納得できない人もいるでしょう。被害者が出た以上、誰かが責任を取るべきだという考えです。しかし、過失が証明できない以上、刑事責任を問うのは難しいです。

完全自動運転車を社会が受け入れる条件となる「二つの絶対」

大事なことは、なぜ我々が自動運転車を受け入れようとしているかにあります。それは、人間が運転するよりも自動運転車の方が事故を起こさないと考えられているからではないでしょうか。私は、社会が完全自動運転車を受け入れる際には、「二つの絶対」が重要だと考えています。一つは「絶対に事故は減る」で、もう一つは「それでも絶対に事故はなくならない」です。

事故が減るのでなければ、社会が自動運転車を受け入れる意味はありません。自動運転車を受け入れることによって、全体として事故が減るのであれば、それでも生じた事故については、刑事責任を問えなくても、社会的に許容される余地はあるのではないでしょうか。

——被害者救済の観点で議論すべきことは何でしょうか。

小林さん　加害者の責任追及を本質とする刑事手続きと異なり、事故の民事手続きは、被害者の救済が本質です。有人運転を前提とする現行保険制度では、自動車事故が起こった場合、被害者の損害は自賠責保険と任意保険によって補塡されます。自賠責保険は、事実上は無過失責任保険として運用されていますが、任意保険による救済を受けるためには、被害者がドライバーの過失を立証する必要があります。

しかし、完全自動運転車の場合、被害者がプログラムの欠陥やメーカーの過失を立証することは非常に困難です。そのため、現行保険制度のままでは、被害者の救済が不十分になると懸念されます。有人自動車にひかれた場合より、無人の自動車にひかれた場合の方が損になるようでは、完全自動運転車は社会に受け入れられません。

完全自動運転車が起こす事故の被害者を救済するためには、自賠責保険と同様、事実上の無過失責任となる保険制度をつくる必要があります。加えて、賠償金額は自賠責保険の金額ではなく、任意保険で賠償される金額を保障しなければなりません。保険料が上昇すると心配する向きもあるでしょうが、事故率が下がるので、保険料はさほど上昇しないでしょう。

もっとも、交通事故には、被害者側にも信号無視などの過失が認められる場合があります。過失割合に応じた損害分担を行うため、自動運転車にはドライブレコーダーの装着が義務づけられるでしょう。

一般の自動車と完全自動運転車の間で不公平がない形にしようとすれば、完全自動運転車の社会実装は、自動運転車のオーナーに事実上の無過失責任を負わせ、任意保険並みの保険金を支払う強制保険制度の実施とワンセットにならざるを得ないと考えます。保険会社は、被害者救済を実施した上で、自動運転車に欠陥などがあれば、メーカーに求償すればいいわけです。

保険制度が見直されるまでの間、完全自動運転車の実用化は「エリア限定の移動サービス」として始まるでしょう。その際、移動サービス事業者は国交省や地方自治体からの特別な許可を得てサービスを始めることになるわけですが、その許可時に対人・対物無制限の賠償保険加入を義務づけることになると予想します。

トロッコ問題の本質は「いかなる価値を優先すべきか」という倫理の問題

――自動運転車の法論議の中で「トロッコ問題」が問われることがあります

（＊トロッコ問題：制御できない状態に陥ったトロッコが線路を走っていて、線路の先には

5人の作業員が動けずにいる。このままではトロッコが5人を轢《ひ》き殺しかねない。あなたは、トロッコと5人の作業員の間にある分岐スイッチの近くにいて、分岐スイッチを使ってトロッコを引き込み線に誘導できる。ただし、引き込み線の先にも動けない作業員が一人いる。あなたはどうするべきか）。**この議論の論点はどこにあるのでしょうか。**

小林さん　完全自動運転車の法的問題を検討する際に、議論すべきテーマとしてしばしば登場するのが「トロッコ問題」です。トロッコ問題は、5人か一人かという思考実験のように見えますが、自動運転車の法論議の観点で言えば、法規制の大前提となる哲学の問題であり、優先すべきは何かという問題です。新たな法制度を作るには、その前提となる倫理や哲学を共有しなければなりません。自動運転車向けの法規制を考えるには、その前提となる哲学が必要になります。それは「いかなる価値を優先すべきか」という倫理の問題にほかなりません。

自動運転車の優先度で最も大事なことは、「人間優先」の思想ですが、この点については、異論は少ないことでしょう。次に問題となるのは、「車内の人間と、車外の人間のどちらを優先するか」です。この問題には、さまざまな考えがあり得るところですが、重要なことは、その優先順位が国によって、またはメーカーによって異なってはならないということです。なぜなら、同じ危機的な場面でも製造国によって、あるいは車種によって、自動運転車が異なった動きをすることは、関連する周囲の人間を混乱させ、危険に陥れるからです。

そのため、自動運転車が従うべき優先順位のルールには、国際的な合意が必要となります。この合意の下で各国の法制度が作られ、最終的には交差点での進行の在り方といった細則に落とし込まれることになります。

自動車は世界共通のルールで運用されているものであり、そのルールは国際条約や国際標準を基に、各国の運用細則に落とし込まれています。完全自動運転車がある社会には、自動運転のための詳細な運行基準マニュアルが整備されていなければなりません。その要件を満たす自動車だけが公道を走ることができることになるでしょう。

乗降時の転倒などの小さなリスクに向き合うべき

――完全自動運転車の登場を前に、注意喚起すべきことはありませんか。

小林さん　わが国では、昭和30年代、40年代に開発された郊外の住宅地における高齢者向け送迎サービスが自動運転によって実現されると予想しています。これらの住宅地では高齢化と過疎化が進行している一方、巡回バスは運転手不足やコスト増の悩みを抱えているため、自動運転車導入のニーズが高いからです。高齢化・過疎化した郊外の住宅地は、通行人や自動車の数が少ないから、衝突事故のリスクは小さい。高齢者の送迎を主目的とするから、運行速度は時速20km程度でもかまわないので、頑丈な車体は必要なく、コストも抑えられます。

ただし問題もあります。「乗降時の転倒」の危険があることです。いわゆる新興住宅地の多くは山を削って造ったため坂が多い。坂道に停車して乗降すると、高齢者がバランスを崩したり、小さな段差につまずいたりして転倒する事故が起こり得ます。もし、降車直後に高齢者が転倒したのに、自動運転車が何もせずに走り去ったりしたら、送迎サービスの運営主体が法的責任を問われることもあり得ます。

このようなケースを避けるために、完全自動運転車の運行規則の中に車体周辺の状況を把握し、転倒などの異常事態の報告・通知義務を課す規則を組み込むべきでしょう。そのような運行規則があれば、メーカーはそれに対処する技術を開発・実装するはずです。

この乗降時の転倒問題は自動運転全体から見れば小さなリスクかもしれませんが、自動運転という新しい社会を描くには、このような小さなリスクを指摘し、解決していく作業が重要になると考えています。

クルマの電子制御の専門家に聞く

Q 機械は人より上手に運転できますか？

A 上手に運転する能力は十分にあります。危険な道の運転も、最新技術を活用することで克服できるでしょう。

回答者　電気通信大学　教授　新誠一さん

自動運転車の開発現場で見かける実験車の多くは、市販車にセンサー類を取り付けたものです。実験車両では、自動車内部に多数組み込まれている各種のECU（電子制御ユニット）に自動運転ソフトが電子的な命令を伝えて運転操作しています。このように自動運転車の登場には、人間の頭脳や眼の役割を果たす自動運転ソフトや各種センサーの高度化に加えて、走る・止まる・曲がるなどのクルマの運転操作の世界に電子制御が深く浸透していたことも関係しています。

自動運転ソフトは、センサーが取得したデータを処理して得られた自車位置情報や周辺認識情報を参考にして運転操作を指示します。この運転指示もまた電子制御の一つですから、自動運転はクルマの電子制御化の延長線上にあるともいえます。これらの先端技術を駆使すれば、囲碁の世界で人工知能が人間を打ち負かしたように、クルマの運転の世界でも機械が人間を上回る技能を発揮するようになるかもしれません。

一つ気になるのは、電子制御の部分が増えることによって、セキュリティ面での不安が増してくること。悪意のある第三者が自動運転車の操作を乗っ取るような事態の発生は避けたいところです。

自動運転につながるクルマの電子制御の発展経緯とセキュリティ面での対策方法について、自動車の電子制御に精通し、技術研究組合 制御システムセキュリティセンターの理事長も務める新教授に聞きました。

90年代から続く自動運転開発、状況を変えたグーグルの参入

——世界中で自動運転の開発競争が活発化しています。きっかけは何ですか。

新さん　自動運転の取り組みは最近始まったわけではありません。開発は１９９０年代から続いていました。当初はセンサーを埋め込んだ「自動運転専用道

路」を作り、道路と車両の情報交換と車両の自律制御によって、自動運転の実現を目指していました。１９９６年には上越自動車道で完全自動運転の走行実験に成功しています。今のレベル1やレベル2の基本技術は、この段階で実現できていたといえます。

当時の自動運転で目指したことは、ドライバーを支援する自動運転機能を一つ一つ作って市販車に組み込むことでした。目的は安全性確保とドライバーの負荷軽減。当時は「ＡＳＶ」（先進安全自動車）と呼んでいました。

検討を進める中で分かってきたのは、自動運転機能を実現するには自動車に高性能センサーをいくつも組み込む必要があることと、大きなコストがかかることでした。また、当時は自動運転に対する社会的ニーズは明確ではありませんでした。ユーザーが自動運転を求めていなかったし、自動運転に対する法律や保険などの社会制度も整っていませんでした。

今は状況が変わりました。きっかけの一つは米グーグルが三次元地図を使った自動運転の開発に乗り出したことです。高精細な三次元地図があれば、自動車側が持たなければならないセンサーなどが少なくて済むため、機器導入のコスト負担はぐっと軽くなります。こうした発想は自動車メーカーにはありませんでした。このインパクトは大きく、これで完全自動運転車の実現が見えてきました。

ユーザーニーズも大きく変わりました。高齢化が進んだことでドライバー不足が現実になり、過疎地などでの移動弱者の問題が深刻になってきました。この社会状況が自動運転に対する期待を膨らませています。

――自動運転の開発はどのように進められていますか。

新さん　現時点の自動運転の開発は二つの方向性があります。一つは、市販している自動車に「自動運転技術」を一つずつ実装する作業を積み重ね、ドライバー支援を発展させた形で自動運転の能力を高めていくやり方です。ドライバーの存在を前提とする自動運転のレベル2やレベル3に該当します。

もう一つは、最初からドライバーレスの完全自動運転車を作ることを目的とした開発です。こちらはグーグルの「セルフドライビングカー」の登場で開発競争が一気に加速しました。レベル4やレベル5の領域です。

ドライバーの存在を前提とする開発とドライバーレスを前提とする開発は、それぞれ条件と優先すべき事項に違いがあるので、独立して進められています。

もちろん、両方に重なる技術分野もありますが、今はそれぞれの開発が独立に並行して進められている状況です。

市販車向け「後付け自動運転ユニット」、技術的には実現可能

——実験車両として、市販車にセンサーなどを取り付けた車をよく見かけます。自動運転ソフトはどうやって市販の自動車を運転していますか。

新さん　市販車が備える電子制御機能を使って運転しています。今の自動車は、ドライバーのハンドル、アクセル、ブレーキの操作を電子的に判断し、その操作が意味する制御命令をＥＣＵに送ることで運転操作を実行しています。アクセルを踏めば、その操作が意味する命令がエンジンＥＣＵに送られて加速されます。

今の高級車の車体には百個以上のＥＣＵが埋め込まれています。エンジン、トランスミッションはもちろん、パワーウインドウやパワーシートまで、それぞれに専用のＥＣＵがあります。各ＥＣＵは車載ネットワークにつながっており、制御命令は車載ネットワーク経由で目的のＥＣＵに届けられます。カーデ

ィーラーなどでメンテナンスをするときは、車載ネットワークに専用の保守機器を接続し、ＥＣＵと通信して各制御部の動作ログを確認したり、ＥＣＵに命令を送って正常に動作するかシミュレーションしたり、ＥＣＵで動作する制御プログラムを更新したりしているわけです。

――カーナビゲーションシステムのように、市販車に後付けの自動運転ユニットを取り付けて自動運転車を作ることは可能ですか。

新さん　今の主流の車載ネットワークは「ＣＡＮ《キャン》」と呼ばれる規格に沿っています。このため、自動運転ユニットを車載ネットワークに接続し、ＣＡＮの仕様に沿った命令をＥＣＵに送れば市販車を運転操作できます。将来、「ＣＡＮ対応自動運転ユニット」のようなものが市販される可能性は十分あります。

――自動運転ソフトは人間より上手に運転できますか。

新さん　自動運転ソフトの運転が人間よりうまくなる可能性は十分にあります。なぜなら性能面で見ると、人間より素早く物体を認識でき、細かな運転操作をできるからです。人間は０・１秒単位でしか操作できませんが、電子制御では

0・001秒単位で制御できます。電子制御によって、人間ではできない制御ができるわけです。

今の自動車は、ドライバーが違和感を感じないように、人間の感性に合わせた車体制御を電子制御で実現しています。例えばハンドルを切ったときは、ドライバーが期待する車体制御を予測して、その予測を実現するような電子制御を実行します。また、横滑り防止機能が稼働している自動車は、車体を安定させるために、タイヤが滑り始めるとその滑った方向にハンドルを切る操作を実行します。いわゆる逆ハンドルの操作を、人間に代わってECUの制御プログラムが指示して実行させているのです。

――今の自動車でも、人間が直接操作していないことを自動車側の判断で操作する機能を備えているということですか。

新さん　そうです。例えばブレーキオーバーライドという機能があります。この機能が有効になっていると、ブレーキとアクセルを同時に踏んだ場合にブレーキを優先します。これは、駐車場などでの踏み間違い事故を防止するために作られました。自動ブレーキ機能も同様です。センサーが危険を察知して、ブレーキ操作をクルマ自身が実行します。このように、今の自動車も必要に応じて、ドライバーが指示しなくても、自らの判断で運転操作をする機能を備えているのです。

危険な道は「雨の道」「夜の道」「知らない道」

ドライバーが車を運転する上で「危険な道」は三つあるといわれています。第一は雨の道、第二は夜の道、第三は知らない道です。これら危険な道のリスクは、先端技術を使うことでかなり克服できます。視界の悪い雨のときは、レーダーを使うことで周辺物体を把握できます。ヘッドライトだけでは運転しにくい夜は、ナイトビジョンで視界を広げることができます。そして知らない道ならカーナビを使えばいいわけです。

ここに高精度の三次元デジタル地図がやってきます。現実と同じ三次元環境をサイバー空間に再現できるのだから、自動運転ソフトはこれらの情報を活用することで、これまで以上の安全性を確保できるようになることは間違いありません。

――自動運転車はコネクテッド機能を備えることになりますが、そうなるとネットワーク経由のサイバー攻撃が気になります。セキュリティ確保はどうなっているのでしょうか。

新さん　まず、大前提として「完璧なセキュリティ対策」というものを求めてはいけないことを理解しておくべきでしょう。セキュリティ対策は常に強化・改良を続けるべきもので、ゴールや完璧というものはありません。ただし、安全性を確保するための対処策はあります。それはリスク解析という考え方です。どのようなリスクがあるのかを事前に洗い出し、それぞれのリスクが生じてもシステムとしての安全性を守るように設計するというものです。

自動車の世界では、これを実践した国際標準「ＩＳＯ２６２６２」が制定されており、機能安全と呼ばれています。機能安全は、電子制御に関連する個々の部品や機能ごとに発生するリスクをすべて洗い出し、それぞれのリスクが生じたときでも安全性を確保することを求めています。ここでいう安全性の対象となるものはヘルス（健康、人命）、セーフティ（安全）、環境です。

機能安全の運用は、メーカー自身が国際標準に沿って機能安全の確保に努め、それが実践されていることをドキュメント化して残すという形で進められています。メーカーの自主運用ではありますが、何らかのトラブルが生じて責任問題になったとき、安全性確保のプロセスを経てきたことを公的に立証する証拠になるため、どこも厳しく運用しています。今は広く浸透しており、機能安全を満たしていない部品は自動車メーカーに調達してもらえなくなっています。

ＩＳＯ２６２６２の課題はサイバーアタック対策の不備

ただし、ＩＳＯ２６２６２にも課題があります。それは、サイバーアタックというリスクを想定していないことです。ＩＳＯ２６２６２が制定されたのは２０１１年ですが、この標準化を進めている当時は、自動車に対するサイバー攻撃が想定されていませんでした。このためＩＳＯ２６２６２に沿った機能安全を確保しているケースでも、サイバーアタックを考慮すれば当然取るべき対策が取られていない可能性があります。

例えば、ＥＣＵのトラブル発生に関する信頼性確保において、ＥＣＵのマイコンを2重化するというアプローチがあります。現在、この2重化は同じマイコンを2個用意するという考えが一般的です。2個のマイコンで同じ処理を実行し、結果が一致したらOKと見なすわけです。

私は、サイバー攻撃を考えるとこの対策は十分ではないと考えています。マイコンで動作する制御プログラムを書き換えられる危険性を考えたとき、同じマイコンを2個使う環境であれば、攻撃者が作成する悪意ある制御プログラムが一つで済むことになるからです。制御プログラムの書き換え防止を考えると、異なるマイコンで2重化するのが望ましいわけです。そうすれば、攻撃者はそれぞれのマイコンで動作する制御プログラムを別々に作らなければならなくなります。こうしておけば、一つの制御プログラムが書き換えられたとしても、もう一つの制御プログラムが動作して結果が不一致となるため、ECUが乗っ取られることを防げます。

――将来の自動運転時代に向けて、電子制御の面で取り組むべきテーマは何でしょうか。

新さん　すぐに取り組むべきことはOTAと呼ばれるソフトのオンライン更新です。バグのないソフトを開発することは不可能と割り切り、ソフトはアップデータするものとを考えるべきです。自動車メーカーでもこの動きは始まっていて、米テスラは実施済みです。

これまでにも、ＥＣＵの制御プログラムにバグが見つかって大量のリコールに追われた事例は何度もありました。自動運転車の時代になると、自動車に搭載されるソフトはますます増えます。開発現場は開発作業よりテストに追われる状況になっており、作業負荷は高まる一方です。バグをなくすことだけに注力するのは現実的ではないと考えます。「バグはなくせない」と考えて、迅速にソフト更新できる体制作りを急ぐべきなのです。このままの体制で進めていくと、これまで以上の大規模リコールが発生するかもしれません。

モビリティビジネスの専門家に聞く

Q 自動車メーカーがやるべきことは何ですか？

A 本業を大事にして、乗り心地の良さなど、これまで得意としてきた顧客価値を作り続けることです。その上で、新ビジネスに向けて自己変革を続けなければなりません。

回答者　デロイト トーマツ コンサルティング 執行役員 パートナー　周 磊《しゅうらい》さん

自動運転という大変革を前に、自動車業界では新たな体制作りが本格化しています。自動運転ビジネスに参戦しているのは、完成車メーカーや自動車部品メーカーのみならず、人工知能を駆使した自動運転ソフトを開発するソフト開発企業、ライドシェアという新しい移動サービスを手掛けるオンデマンド配車事業者、デジタル地図作成や自車位置推定／周辺環境測定に欠かせない小型低価格の新世代ライダーを開発するセンサーメーカー、高精細な三次元デジタル地図の整備を進めるクラウド地図事業者などがあります。それぞれの企業が得意とする事業領域はさまざまです。

異なる事業領域の企業による競争と協調が多面的に進められている自動運転ビジネスの世界は、自動車産業をはるかに上回る大規模なモビリティサービス産業へと進化しつつあるようです。大変革のまっただ中にあるモビリティビジネスは、これからどのような進化・変化を遂げるのでしょうか。自動車関連企業の経営戦略と日米欧中のモビリティビジネスに詳しい周さんに、モビリティビジネスの今と将来を聞きました。

自動車メーカーとライドシェア事業者、協業はビジネスを学ぶため

――トヨタ自動車と米ウーバーテクノロジーズの協業や、米ＧＭの米リフトへの５億ドル出資など、２０１６年になって自動車メーカーがライドシェア事業者に歩み寄る行動が活発になっています。

周さん　これまで自動車メーカーが手掛けたことのないライドシェアという新サービスの広がりが、自動車メーカーに危機感を与えていることは間違いないでしょう。ライドシェアサービスの本質を見極め、そこでどのようなビジネスができるのかを学ぶための活動が始まったと見ています。

　ライドシェアサービスは新たな自動車の使い方とビジネスを産み出しました。ただ、だからといって自動車メーカーがライドシェアサービスに乗り出すとか、ライドシェア事業者を買収するといった動きが活発になるとは考えていません。ウーバーやリフトのようなライドシェアサービスを作るには、大がかりなＩＴの仕組みやクラウド技術を自前で用意しなければならないし、ＩＴ人材も抱えなければならないからです。

　仮に自動車メーカーが自ら投資してウーバー並みのＩＴ会社を作ったとしても、それによって大きな利益が出るとは限りません。ライドシェアサービスが乱立すれば過当競争になって疲弊するだろうし、そもそもライドシェア事業の収益率はそれほど高くありません。

　それでもライドシェアという新しいビジネスが多くのユーザーを獲得している現実がある以上、自動車メーカーもその動きを真剣に捉え、ライドシェアビジネスを勉強し、何ができるかを考えなければなりません。一連の提携は自動車メーカーとライドシェア事業者がそれぞれ相互に相手の得意とするビジネスを学ぶための取り組みであって、囲い込みのための陣取り合戦のようなものではないでしょう。

ライドシェアで、ユーザーは好みのクルマを選んでいる

――自動車メーカーがライドシェア事業者に資金提供する目的として、ライドシェアサービスの契約ドライバーが車両を購入する際の融資プログラムの促進があります。自動運転車の最初の市場が、ライドシェア向け自動車であることを見越した動きではないのでしょうか。

周さん　確かに今はライドシェア事業者やそのドライバーに自社の自動車を購入してもらうことも、協業する目的の一つではあるでしょう。ただし、ユーザーがライドシェアを使うときに、自分の好みの自動車を選んでいる事実を忘れてはいけません。ユーザーニーズが強まれば、ライドシェア事業者は今の提携関係に縛られない行動に出るはずです。

自動車メーカーにしても、地域によって異なるライドシェア事業者と協業したり、複数のライドシェア事業者と協業したりするかもしれない。ウーバーやリフトにしても、世界市場を制覇したわけではありません。もちろん自動車メ

ーカーも同じです。世界のそれぞれの地域に応じた柔軟なエコシステムが作られることになるでしょう。

別の新ビジネスが始まることも考えられます。例えばリース会社が一括で各社の自動運転車を大量購入し、それを各ライドシェア事業者に貸し出すというビジネスです。リース会社がライドシェア事業者のニーズに沿うように地域や期間ごとのリース料金を設定して貸し出せば、ライドシェア事業者は資産を持たずに効率的に自動車を調達できるし、自動車メーカーは大きくて安定的なビッグユーザーを確保できることになります。

これと似た構造のリースビジネスは、エアラインが飛行機を調達する場面では一般的に行われています。旅客機は1機が数百億円と高額であるため、エアラインが購入するには経済的負担が大きい。そこで巨額の資金を持つ航空機リースの会社が大量購入を前提に価格交渉力を行使しながら航空機メーカーから安く購入し、それをエアラインに貸し出しています。ライドシェアの世界にも「自動運転車リースの会社」が登場してくる可能性は十分にあります。

自動運転はモビリティのパーツに過ぎないが、その影響力は大きい

――自動車メーカーの動きとしては、製造業からサービス業への転換を意識した活動も始まっています。例えば米フォード・モーターは2年前にモビリティ会社になることを宣言し、２０１６年3月にモビリティ会社を設立しました。

周さん　そうですね。特に欧米の動きが激しいです。モビリティ全体から見れば自動運転はその一つのパーツに過ぎませんが、影響力は大きいです。

これまで自動車メーカーは自動車を作る中でモビリティを考えてきました。安全性と信頼性を高め、乗り心地のいいクルマを作って、社会におけるモビリティの充実を図ってきたわけです。ただしこれからは、ものづくりの視点だけでなく、サービス作りの視点からも取り組みが必要になります。

モビリティサービスへの取り組みで言えば、フォード・モーターの活動が参考になります。フォードはモビリティカンパニーとして自己を再定義しようとしており、２０１６年3月に、この分野の戦略子会社として「フォードスマートモビリティ」を設立しました。モビリティサービス分野を開拓することを目的としており、フォードの自動車を売るための会社ではありません。将来的には競合メーカーの自動車を用いたモビリティサービスを作る可能性だってあります。

――モビリティサービスとはどのようなものですか。

周さん　人や物をある場所から別の場所に運ぶサービスです。そこで使われる交通機関は自動車だけではなく、列車やバス、タクシーなども含まれます。ユーザーが希望時間と移動区間を指定すると、その具体的な乗り継ぎ方法を、料金や移動時間、快適さなどを勘案しながらいくつか提案し、予約と決済もその場で実行できるというのが、現段階で考えられている近未来の典型的なモビリティサービスといえるでしょう。さらに、移動に関連したさまざまな付加価値サービスが開発され、提供されることになります。

モビリティサービスで重要なのはスマホ連携の視点

モビリティサービスの提供では、スマートフォン（スマホ）をどう活用するかが重要になります。人々の生活・行動の起点にスマホがあるからです。スマホとのシームレスな連携を念頭に置いてビジネスを設計しなければなりません。

実際、フォードが２０１６年から始めたモビリティサービスである「フォードパス」はスマホアプリとして提供されています。駐車場予約やシェアリング予約など、自動車を活用するためのサービスをスマホから利用できます。しかもフォードはモビリティにとどまらず、コンビニエンスストアチェーンやハンバーガーチェーンとも提携してライフシーンを横断するサービス展開を始めています。すべての自動車メーカーがモビリティサービスを始めるとは思いませんが、こうした動きはもっと活発になると見ています。

――モビリティサービスが提供する価値ある情報とは何でしょうか。

周さん　いい例があります。イスラエルのベンチャー企業「Ｗａｚｅ」のナビゲーションサービスです。このサービスでＷａｚｅは、個々の会員が書き込んだ渋滞情報、事故情報、交通規制などをクラウドに集めて、それを整理した形で会員に提供しています。

グーグルマップでも渋滞情報を見ることができますが、Ｗａｚｅが提供する情報の方がグーグルマップより信頼性・リアルタイム性が高いのでユーザーが集まりました。Ｗａｚｅでは渋滞が起こっている原因や渋滞の状況を、現場を通りかかったＷａｚｅ会員の報告から知ることができます。Ｗａｚｅ会員はこれらの報告を見て、迂回路を選ぶか、そのまま渋滞の道を進むかの判断に役立てます。Ｗａｚｅは２０１３年にグーグルに買収されましたが、現在も子会社としてサービスを継続しています。

競合ではなく協調、選択ではなく追加を

――モビリティサービスの世界になると、ＩＴでサービスの仕組みを作ることになります。これも今までの自動車ビジネスとは大きく異なる部分ではありませんか。

周さん　自動車メーカーは、ＩＴ技術を活用する時代が来たことを強く認識するべきです。これまでとは違った部分が出てくるし、それがビジネスの優劣に直結するからです。

大きな違いは三つあります。第一に、モビリティサービスはＩＴの仕組みで情報を売るビジネスであること。移動手段の価値ではなく、移動に関する情報

に価値があります。このため、移動手段を自ら用意する必要はなく、例えば他の交通機関と協調すれば、モビリティサービスの提供は可能となります。

第二に、ＩＴ基盤を使うのでスケーラビリティが高いこと。ユーザーの数を短時間で飛躍的に増やすことができます。ユーザーが増えても、そのための追加コストはそれほど多くありません。ユーザーの数だけ車両が必要となる交通機関とは決定的に異なります。

第三に他のサービスとの組み合わせが容易であることと、それによってサービス全体の価値を高められることです。これまではただ単に、いずれかの交通機関を選ぶだけでしたが、モビリティサービスではグーグルマップで行き先を確認してから、Ｗａｚｅで渋滞情報を見て、「あるときはタクシー、あるときは電車を使う」といったように、異なるサービスを組み合わせるのが当たり前になります。

この状況では、ユーザーを囲い込むよりも、他のサービスをスムーズに使える仕組みを提供する方が大きな価値を生み出せます。つまり、競合ではなく協調、選択ではなく追加によって、サービス価値を高められることが重要なポイントとなるのです。

乗り心地の良さは、自動車メーカーならではの決定的な価値

――モビリティサービスにシフトすると、自動車メーカーがこれまで長年積み上げてきた強みを生かしにくくなるのではないでしょうか。

周さん　そうではありません。モビリティサービスはＩＴ技術が産み出したサービスではありますが、サービスの本質は「移動」です。自動車をはじめとする移動手段がなければサービスは成り立ちませんし、ユーザーに好まれる移動手段が存在することに変わりはありません。その中で、「魅力的な自動車」が魅力的な交通手段であることは、モビリティサービスの時代にあっても不変です。その自動車の価値は、これまで自動車メーカーが作り上げてきた品質にほかなりません。

自動車メーカーはいい自動車を作ることで自社の価値を高めてきました。これはとても重要なことです。乗り心地のいいクルマは、それこそが購入を決める決定的な価値となるからです。この価値は自動車メーカーしか作れない。ライドシェアが始まったとしても、ユーザーは条件が同じなら乗り心地のいいク

ルマを求めるでしょう。自己所有のクルマであれ、ライドシェアであれ、乗り心地の良さという価値がユーザーに対する大きな訴求力であることに変わりはありません。本業の強みが、新しいビジネスの中でも大きな強みになると見ています。

自動車メーカーがまずやるべきことは、本業を大事にして、自動車メーカーでなければ生み出せない顧客価値を作り続けることです。信頼できて品質が高い自動車をユーザーが購入するのは当然の行動であり、その価値はシェアリングサービスが普及したとしても変わらないでしょう。ライドシェアという新たなサービスは「経済的に効率よく移動したい」というユーザーニーズを掘り起こしました。だからといって、乗り心地のいい自動車を選びたいというニーズがなくなったわけではありません。

大事なことは、ビジネスは常に変化するということを前提に考え、企業が自らの変革を推進し続けなければならないことです。今はＩＴ技術を活用したビジネスが盛んになりました。多くの製造業にとっては、これまで手掛けていない技術ジャンルです。だからといって、これまで製造業として獲得した信頼とブランドを否定してはいけません。自ら変革して、新しいビジネスに適した会社になればいいのです。

新しいビジネスモデルの中で存在感を出すには、自分の強みをしっかりと見極めて、その強みをどう生かすのかを考えるべきです。特に自動運転の世界はさまざまな技術とサービスを組み合わせて作られるため、ジャンルの異なる企業とも協調しなければなりません。だからこそ、そのビジネス構造のどの部分を自分が担うのかを明確にし、他の部分は他企業と力を合わせてウインウインの関係を築くことが重要になります。

著しい技術進化で今の状況が劇的に変わる可能性も

――自動運転の世界では、高精細な三次元デジタル地図の整備を続ける地図クラウド事業者の存在感が大きくなっていると感じます。そして今の段階で、本格的に三次元デジタル地図の整備を続けている企業は米グーグル、独HEREテクノロジーズ、オランダのトムトムインターナショナルなど、数えるほどです。デジタル地図を作るには、たくさんの測定車両を用意して街中を走り回らせなければならないので、これから参入するのは難しいのではないでしょうか。

周さん　確かに現段階で見る限り、提供できる企業は限られています。ただし、5年後、10年後にどうなるかはまだ分かりません。その理由は二つあります。

一つは国家が乗り出してくる可能性があることです。地図を本当に作りたいと思っているのは国家であることは間違いありません。これまでも地図は国が作ってきたし、軍事利用や土地管理など、国にとって地図の整備は基本事業です。本当に作ろうと思ったら、資金面でも民間がやれることをはるかに上回る形でできるでしょう。

GPSにしても、もともとは軍事利用のために作られたものです。もちろん、多くの国がデジタル地図を整備したとしても、それを民間に使わせるかどうかは別の話ですけどね。そのあたりがどうなるかはまだ見えていません。

もう一つは、技術進化が今の状況を劇的に変える可能性があることです。デジタル地図を作るために必要な各種センサー、特にライダーと呼ばれるレーザーレーダーシステムの技術開発はとても活発になっており、精度、コスト、手間の面で、5年後は今と比べられないくらい進化しているでしょう。スタートアップ企業が破壊的なデジタル地図の作成・更新技術を生み出す可能性だってあります。そうした技術進化がどんどん進み、大量の市販車がライダーを搭載するようになれば、あっという間にデジタル地図を作れるようになるかもしれません。

地道な活動がビジネスの勝ち負けを決める

――欧米企業と比べたとき、日本企業の取り組みについて感じることはありますか。

周さん　三つあります。第一はモビリティサービスなど、ＩＴサービスの世界で世界的な企業が出ていないことです。自動車や家電では世界的な企業がいくつも登場しましたが、ＩＴサービスの世界では聞こえてきません。世界で戦う企業が出てきてほしいところです。そのためには、世界で戦おうと考える人材が必要でしょう。

第二は、格好のいい言葉に惑わされている感じがあることです。ＩＴを活用したサービスでは、ビジネスモデルとかプラットフォーム、仕組みや役割を意味する言葉がたくさんあり、その言葉で自らの事業を考えようとする傾向があるように思います。「モビリティサービスのプラットフォームを提供する」といった具合です。

しかし、こうした言葉はビジネスの勝負においては何の意味も持ちません。同じプラットフォーマーでも、勝てる企業もあれば、負ける企業もあります。ビジネスで勝つためには、どんなサービスを提供するのかということを突き詰めて考えなければなりません。誰に何を提供するのか、それに価値はあるのか。そして実際に提供して、実態に即して修正する。こうした地道な活動がビジネスの勝ち負けを決めるのです。

第三は、世界全体の動きに鈍感になっている気がすることです。日本が島国だからということにも関係するのかもしれませんが、欧米で起こっている、大きく、急激なモビリティサービスへシフトする動きが伝わっていないように思います。陸路で国境を越えることがないという環境の影響もあるかもしれません。世界が新しいモビリティサービスへと急いでいることを受け止め、もっと危機感を持つべきではないでしょうか。

クラウド地図の専門家に聞く

Q 高性能センサーがあれば地図は不要になりますか？

A センサーが取得できない離れた場所の情報も、安全運転には欠かせません。また、高精度の地図を作るための車載機器は高額になります。

回答者　HERE Japanオートモーティブ事業部APAC市場戦略本部統括本部長
マンダリ・カレシーさん

完全自動運転の安全性を高めるには、走行する道路に関する高精度のデジタル地図を常時参照できるようにすることに加えて、走行エリアの交通規制や混雑情報に関する最新情報を適切に入手することも必要になります。事故が起こって渋滞が始まりつつあるとき、事故地点に向かっている走行車両が事故情報をいち早く入手できれば、渋滞の列に追突する危険を回避することができます。また、多くのクルマが渋滞している道路を迂回すれば、全体として渋滞の緩和につながります。

こうしたリアルタイムの道路情報は、走行車両からオンラインで収集したセンサー情報をインターネット上にある大規模サーバー（クラウド）に集積し、その集積データを分析することで見つけ出すことができます。例えば、ある地点で多くのクルマの車速が急に落ちているとすれば、そこで渋滞が始まっていると判断できるわけです。

ここで重要なのは、クラウドとクルマが相互にデータをやり取りして各種の判断処理を連携する「クラウドツーカー（Cloud-to-Car）」の仕組みを作ることと、できるだけ多くの走行車両からセンサー情報を収集する体制を整備することです。そしてこの体制整備を急ピッチで進めている世界的な企業が、クラウド地図を基盤とする位置情報サービスを提供する独HEREテクノロジーズです。HEREはリアルタイム性の高い道路情報と高精度の三次元デジタル地図を組み合わせた「HEREオープンロケーションプラットフォーム」の構築を急いでおり、2016年末から継続的に多くの企業と資本提携を含む関係構築を進めています。クラウドツーカーによって進化する位置情報サービスの現状と位置情報サービスが作る自動運転の未来を、HERE Japanのマンダリ・カレシーさんに聞きました。

プラットフォームを使ってもらえるように、多くの企業と連携

——２０１６年後半から、クラウドツーカー関連の技術連携が活発です。自動運転車の車載コンピューターの市場を狙う米エヌビディアと米インテル、画像処理ソフトとビッグデータ解析技術を持つイスラエルのモービルアイ、三次元ライダーとセンサーデータの解析技術を持つパイオニアなど、ＨＥＲＥが提携する企業はそれぞれが競合関係となっているケースも見られます。なぜ多くのメーカーとの提携が必要なのでしょうか。

カレシーさん　我々はクラウド事業者です。さまざまな自動車メーカーや自動車部品メーカーが自動運転技術を実装するときに、我々が構築している位置情報プラットフォームを使ってもらえるように体制を整えています。自動車を作るメーカーはたくさんあるし、車載コンピューターも自動運転ソフトウエアもいろいろです。このため、できるだけ多くの企業と提携し、多くの自動車が手軽に我々のプラットフォームを使えるように環境整備を進めていきたいと考えているのです。

――自動運転車がクラウドとやり取りする地図情報については標準策定が始まっています。HEREもその仕様作成活動に積極的に参加していますね。標準仕様があれば、個別の提携は必要ないのではないでしょうか。

カレシーさん　標準は、取り扱うデータの種類や表現の仕方を決める紙の上の規定です。それが決まったとしても、クラウドツーカーの利用現場で使えるようにするには、個別のソフトウエアや機器を実際につないで相互運用するための調整が必要になります。個別にテストするなどして、相互運用性を確認しておかなければ、すぐに使えるようにはなりません。

クラウドツーカー関連の提携には、お互いが持っている地図データや分析データを相互活用できるようにしていくという狙いもあります。例えばモービルアイとの提携では、モービルアイの車載機器から送られてくるセンサーデータをHEREのクラウド地図をアップデートする用途で使えるようにするだけでなく、モービルアイが集めた道路やランドマークの情報「ロードブック」をHEREのオープンロケーションプラットフォームのサービスとして利用できるようにします。ロードブックは、モービルアイが同社の車載機器から収集したセンサー情報をビッグデータ解析して構築したもので、速度規制や渋滞情報などのリアルタイム性が高いことが特徴です。

このように、それぞれが持っている情報を相互に利用し合うことで、リアルタイム性が高く、精度の高い位置情報サービスを作ることができます。つまり、それぞれが情報を隠し合うことで独立性や違いを出すのではなく、それぞれの情報を組み合わせることでこれまでにないサービス品質を作り、利用価値を高めようと考えているのです。

クラウド地図に求める精度は自動運転ソフトが決める

――自動運転になると高精細な三次元デジタル地図が必要といわれていますが、そのデータ量はかなり大きくなるのではないでしょうか。

カレシーさん　誤差が10cm程度というレベルの高精細な三次元デジタル地図となるとデータ容量はかなり大きくなります。このため、自動運転車に世界中のすべての三次元デジタル地図情報を持たせることは現実的ではありません。走行する区間のデジタル地図をニーズに応じた精細さでクラウドから配布するのが現実的です。

ただし、すべての自動運転車が最高精度の三次元デジタル地図を求めるとは限りません。車載センサーを活用して自ら車両周辺の高精細デジタル地図を作る自動運転ソフトなら、クラウドからもらう地図情報は車線やセンターラインの情報など、部分的なもので十分と判断するケースもあるでしょう。

また、三次元デジタル地図を活用するにはそれを分析・処理する高額な車載機器が必要になります。低価格の車両はそうした高額機器を装備するのは難しいでしょう。低価格の車両なら、簡易な地図情報で十分なケースが一般的だと考えています。

――自動運転ソフトウエアやＡＤＡＳ（先進運転支援システム）ソフトウエアによって、求めるクラウド地図の精度は異なるということですか。

カレシーさん　そうです。10㎝程度の精度を求めるかどうかはアプリケーション次第となります。ＡＤＡＳならセンサーに任せるから道路形状だけでいいかもしれない。車載通信機能の制限から、データのやり取りを制限したいケースもあるでしょう。逆に、常時最新データが欲しくなる場面もあります。レーンの中でレーンの幅を細かく判定したくなれば、より細かなデータが必要になります。このように、どの程度の精度の地図を求めるかは、自動運転ソフトウエアを開発する側が決めなければなりません。

我々は、さまざまなレベルの精度に柔軟に対応できるように、ＡＰＩ（アプリケーション・プログラム・インタフェース）を統一し、求める地図情報の種類や精度を指定して呼び出せるように設計しています。こうすれば、自動運転ソフトを開発する側のリソースを効率化できます。将来、もっと高精細情報が欲しくなったとき、あるいはもっと簡単な地図でいいと判断したときに、パラメータを変えるだけでクラウドから取り出す地図の精度や情報の種類を変更できるからです。

高度自動運転に向けた高精細地図の提供開始は少し先になります。大事なことは、今自動運転ソフトを開発している人が将来にわたって、同じコードを使い続けられるような環境を作ることです。ＡＰＩを変更することなく、同じＡＰＩで利用できる機能や地図情報をどんどん増やす考えです。

低価格車の現実解は、安いセンサーと簡易なクラウド地図の組み合わせ

――車載センサーの性能が上がり、センサー情報から周辺地図を作成する技術も進化すれば、走行車両が装備しているセンサーの取得情報だけでも走行地域周辺の詳細な三次元デジタル地図を生成できるようになるのではないでしょうか。

カレシーさん　走行車両が走行エリアのデジタル地図を入手する方法としては、車両が搭載するセンサー、車載コンピューター、地図生成ソフトなどの車載機器だけで作る方法もあります。クラウドで作って配布する方法も、車載機器だけで作る方法も、急速に進化しています。この二つをどのように組み合わせて使うのが効率的なのかは議論が分かれるところであり、これまでも議論が繰り返されてきました。クラウドでやるべきという考えが主流の時もあれば、車両だけで十分という考えが支配的な時もありました。

さまざまなセンサーを多数搭載し、それらのセンサー情報を複合的に処理する「センサーフュージョン」を駆使して正確な地図を作成するにはコストがかかります。高性能なライダーはまだまだ高額だし、センサーフュージョンはコ

ンピューティングパワーが必要になるため、車載コンピューターは高性能でなければなりません。車載機器でどこまでやるのか、クラウドに何を求めるのかは、それぞれのコストが今後どう推移していくのかを見極めて判断することになります。

重要なことは、車両が搭載するセンサー情報だけに頼る場合は、センサーが検知できない離れたエリアの状況が分からないことです。自動運転の場合は、車両が搭載するセンサーが検知できないほど離れた隣接エリアの状況が分かっていた方が安全に運転操作できる場面がたくさんあります。少し先で事故が起こっていたら、事前に速度を落とすことができます。それだけでも安全を確保する確率は確実に高まります。

今進めているクラウド地図では、センサーを装備する多数の走行車両からの情報をオンラインで収集し、集めた大量のセンサー情報をビッグデータ解析して割り出した最新の交通規制や渋滞状況を各車両に送ることを予定しています。走行車両が検知できない遠くの状況をほぼリアルタイムで周知できるところが特徴となるわけです。

もう一つ指摘しておきたいのは、低価格の自動車は高額なセンサーを搭載できないことです。低価格の自動車でＡＤＡＳを実現するなら、安いセンサーと簡易なクラウド地図の組み合わせが現実解ではないでしょうか。

車両が取得したセンサーデータでクラウド地図をリアルタイム更新

――ＨＥＲＥが自動運転向けのクラウド地図として構築中の「ＨＤライブマップ」はリアルタイムの情報も反映した地図ですか。

カレシーさん　そうです。ＨＤライブマップでは、走行中の車両がセンサーで収集した情報をクラウドに集めて地図を更新します。クラウドから配信した地図情報と、車両のセンサーが測定した情報を照らし合わせて、地図が誤っていると判断したら、その情報をクラウドに送ってクラウド地図を更新します。更新対象は地図そのものだけではありません。速度規制とか車間距離とか車線規制とか、そのときどきで変更される道路情報はいろいろあります。

例えば、あるエリアの速度制限が時速60㎞から時速40㎞に変わったとします。この場合、そのエリアを走行している車両のカメラは速度制限の標識を撮影し、標識に「制限速度が時速40㎞」と表示されていることを検知します。すると車載機器はクラウド地図で送られてきた制限速度（時速60km）が間違っていると判断し、クラウドに最新の制限速度（時速40km）を通知します。この通知を受け取ることで、クラウド地図はほぼリアルタイムに制限速度をアップデートすることができるわけです。

クラウドが収集するセンサー情報としては、車両の速度、方向、位置、前方カメラで検出する交通標識情報、ハザードランプの使用状況、ワイパーの動き、フォグランプの使用状況、自動ブレーキの作動状況などがあります。まずはHEREに出資している独アウディ、独BMW、独ダイムラーの車両から、走行時のセンサー情報を収集する計画です。

――リアルタイムでセンサー情報を収集することで提供できる特徴的なサービスは何ですか。

カレシーさん　駐車スペースを見つけるサービスを検討しています。多くの車両がセンサー情報をクラウドに送る時代になれば、駐車場や駐車スペースのどの場所に空きがあるかといった情報を、リアルタイムで管理できるようになります。こうした情報をうまく活用すれば、自らの目的地近くの駐車スペースを探すことができるし、空きスペースを予約できるサービスを提供することにつながるでしょう。

自動車産業の専門家に聞く

Q 自動運転車は儲かりますか？

A 自動運転だけじゃ自動車メーカーは儲かりません。収益獲得の鍵は、コネクテッド機能でカーオーナーの資産価値をどれだけ高められるかにあります。

回答者 PwCコンサルティング Strategy& パートナー 白石章二さん
ディレクター 北川友彦さん

完全自動運転車を完成させるには多様な先進技術を持ち寄って、それらが適切に動作するように組み立てなければなりません。必要になる技術としては、人工知能を用いた自動運転ソフト、深層学習向けの車載コンピューター、周辺認識のための車載センサー、センサーデータから周辺物の形状や周辺物までの距離を測定する画像／情報処理ソフト、正確な自車位置推定に欠かせない高精細な三次元デジタル地図などがあります。そして今、さまざまな分野の技術系企業が自動運転の実現に向けて多額の研究開発投資を続けています。

気になるのは、この多額の投資に見合うだけの新たな売り上げが作れるのかということ。自動運転機能を備えたからといって、多くのユーザーが現状の車両価格からかけ離れた価格設定を受け入れる保証はありません。また、大型トラックに続き、乗用車向け自動ブレーキを義務化する動きが具体化しつつあることを考えると、自動運転技術の多くは将来的に義務化の方向に向かうことでしょう。

こうした状況の中、ライドシェアサービスに代表される自動運転時代に適した新ビジネスを立ち上げて、新たな収益源を育てようという動きが自動車産業全体に広まっています。新ビジネスでは、自動車に通信機能を持たせてＩｏＴ（モノのインターネット）化する「コネクテッドカー」が重要になると見られています。コネクテッドカーならではの魅力あるオンラインサービスを開発できれば、車両販売とは別の事業売り上げを作れることに加え、ＩＴの世界で一般化している月々あるいは利用量に応じて課金する「サブスクリプションモデル」を自動車産業に持ち込めるかもしれません。そうなれば、新車販売に頼る「物販モデル」から脱却し、継続的で安定的なビジネスモデルへの移行も見えてくることでしょう。

自動運転とコネクテッドという新たな投資要求に直面する自動車産業の行方について、ＰｗＣコンサルティングの戦略コンサルティング部門であるＳｔｒａｔｅｇｙ＆の白石章二パートナーと北川友彦ディレクターに聞きました。お二人は自動車業界における戦略コンサルティングの豊富な経験を持つほか、Ｓｔｒａｔｅｇｙ＆が２０１３年から毎年発行している調査レポート「コネクテッドカーレポート」の日本語版の監訳を担当されています。

自動運転開発への巨額投資、回収手段はまだ見えていない

――２０１６年版の調査レポートで、２０３０年の自動車産業全体の売り上げが２０１５年の約１・５倍になるものの、自動車販売の売り上げと収益の伸びは産業全体の伸び率を下回ると予測・分析しました。自動車メーカーと自動車部品メーカーは自動運転やコネクテッド向けに多大な投資を迫られているものの、開発投資に見合うだけの売り上げ拡大シナリオを描けていないということなのでしょうか。

白石さん　自動運転にしても、コネクテッドにしても、自動車メーカーは研究開発と実用化に向けて積極的に取り組んでいます。自動運転開発の第一の目的は「安全性の確保」。この考えは新しいものではなく、これまでもそうした研究開発に投資を続けてきました。安全性を高めるために、これからも運転支援のインテリジェント化は継続的に進めていくでしょう。ただ、これらの開発投資をどのように回収していくのかについては、自動車メーカーもまだ判断がつかないようです。

自動車メーカーの中には「まずは自らの手で全部を手掛けてやってみないと、クルマ全体の姿が見えてこない」という考えのところもあります。すべてが分かれば、自前で取り組むべきことと外部に任せてもいいところが判断でき、コストカットの手法や新しいビジネスの姿も見通せるようになるというわけです。このような考えを持っていて、自動運転とコネクテッドは自動車の将来を見通す上で欠かせない重要な技術であると判断したなら、その実現に向けた開発投資は惜しまないでしょう。

――安全を確保するための機構は、本来、すべての自動車が装備すべきものといえます。エアバッグが広く普及したように、今後は自動ブレーキなどのＡＤＡＳ機能の義務化も求められることになりそうです。となると、安全機構の「安全性の高さ」を売りに、大きな価格差を設けるのは難しいのではないでしょうか。

白石さん　ＡＤＡＳや自動運転機構を装備したからといって、販売価格を大幅に引き上げるのは難しいでしょう。ユーザーが納得できる価格帯にしなければクルマは売れません。その点、コネクテッドの方はサービスの作り方に幅を持たせやすいです。他の技術やサービスをコネクテッドと組み合わせることで新しい価値を作り、さまざまな事業分野で新市場を開拓できる可能性は十分にあります。

テレマティクスサービスからスマホサービスへの乗り換えが始まる

――自動車メーカーのコネクテッドカーの開発は数年前から始まっています。ビジネスも始まっていますが、順調に推移していますか。

白石さん　自動車メーカーの多くは、コネクテッドカーの実現に意欲的です。特に先進国向けの高級車種はその傾向が強いです。自動車の販売単価を発展途上国向けより高くできるため、コストを吸収しやすいからです。そしてコストを抑えるために、できるだけ多くの自動車にＴＣＵ（通信機能を備える車載装置）などの通信機構を搭載して、ＴＣＵや通信用ソフトの開発・調達・実装コストを下げようとしています。

もっとも、コネクテッドカーにしたからといって、すぐに販売価格を高くすることはできません。コネクテッドカーを対象とした新たなビジネスで収益を上げるという構想はありますが、それほど簡単ではないのが実情です。

――自動車産業は「物販モデル」から「サブスクリプションモデル」への構造改革を急いでいて、その基盤となるのがコネクテッドカーではないでしょうか。例えば米GMは1996年から子会社を通じてOnStarという名称のテレマティクスサービスを提供していますが、その提供地域を世界に広げ、多くの顧客を獲得していると聞きます。また、2016年には米フォード・モーターと独フォルクスワーゲンがモビリティサービスの専門会社を設立し、同サービスに乗り出すことを宣言しています。

白石さん　確かに、2016年までならその分析は当たっています。我々もそう考えていました。実際、コネクテッドカーの先駆けといえるOnStarは月々いくらというサブスクリプションモデルで提供されており、顧客数を拡大してきました。

ところが、ここにきて状況が変わりつつあるようです。我々の調査で、大手テレマティクスサービスの加入者が減少していることが分かったからです。我々はその原因を「テレマティクスサービスの加入者がスマホのサービスに乗り換えたため」と分析しています。

「コネクテッドカーとしてのサービスなら、単純なものであっても多くの顧客が受け入れてくれる」と考えてはいけません。スマホを筆頭に、通信できる端末はすでにたくさんあります。単純で儲かる通信サービスがあるなら、それはすでに誰かがやっているはずです。自動車そのものがつながっているからこそ価値の出るサービスでなければ、スマホには勝てません。

コネクテッドの価値はカーオーナーの資産価値を高められること

――それではコネクテッドの価値はどこにあるのでしょうか。

白石さん　自動車の所有者（カーオーナー）の資産価値を高められることです。デジタル技術は資産効率を上げることに向いています。例えば、ライドシェアなどの手法で自分が所有しているクルマを第三者に貸し出すことができれば、それがお金を生みます。このような場面ではコネクテッドがポイントになります。ドアの鍵をデジタル化し、暗号化して送信すれば安全に第三者に手渡せます。デジタル鍵に有効期限を設ければ、クルマを時間貸しすることができるようになるわけです。

自動車メーカーはコネクテッド化することでカーオーナーからお金をもらおうと考えがちですが、発想を変えるべきです。不動産事業のように、オーナーの資産価値を高めることを重視し、コネクテッドで新たな資産価値を作れるようにする。これができれば、その資産形成のための手数料ビジネスが現実味を帯びてきます。

――カーオーナーが得をすることを考えるべきということですか。

北川さん　そうです。コネクテッドを活用すれば、カーオーナーが得するサービスはいろいろ作れます。例えば、走行距離や運転特性などの利用実績で保険料を決める「利用ベース保険」もその一つです。車両の故障予知やメンテナンスの最適化を実現するサービスもあるでしょう。アラームが表示されたタイミングでメンテナンスを実行すると全体としてメンテナンス料金が安くなるようなサービスを作れば、ユーザーは受け入れてくれます。
このような新たな事業が登場すれば、その新サービスでの売り上げを獲得する誰かが、カーオーナーに代わってコネクテッドの料金を支払ってくれるかもしれません。

――自動運転は交通事故削減のほか、移動弱者支援、交通渋滞緩和、CO_2（二酸化炭素）排出削減など、さまざまな社会課題を解決するソリューションという側面もあります。この社会課題解決でもコネクテッドの利点があるのではないでしょうか。

白石さん　日本のさまざまな場所で、公共交通機関がなくなって困っている人がたくさんいます。だから現実的なソリューションが必要になります。欧州では、公共交通機関として自動運転車を活用しようという動きが活発です。そして、ライドシェアやカーシェアを公共交通機関として捉えています。きっと日本でもそうした考えが広まっていくでしょう。自治体が税金で公共交通を賄うのは難しい。誰かに頼みたくなるはずです。コネクテッドはこの動きを加速します。

北川さん　「ライドシェアやカーシェアを公共交通機関のように使う」というと、今は心配事が多く、受け入れにくいかもしれません。ただし、困っていて、何とかして公共交通機関の代替手段を作りたいと考える地域もあるはずです。最初はそうした場所に制限された形で入っていくことになるでしょう。導入地域が増えていけば、それが既成事実となり、この新しい利用形態が目に見える形で身の回りに広がっていきます。そうした過程を経ることで、次第に社会全体がシェアリングサービスを公共交通機関として使うことに慣れていくのではないでしょうか。

運転者が分かれば、そのデータを基盤とするサービス開発が活発に

――コネクテッド関連で、今後、開発が期待される技術分野は何でしょうか。

白石さん　実際にハンドルを握っているドライバーが誰なのかをリアルタイムで認識・識別する個人認証技術が求められてくると見ています。今は、路上を走行しているそれぞれの自動車について、誰が運転しているのかを全くチェックできていません。サービス課金の面でも、セキュリティの面でも、運転しているドライバーが誰なのかを認識できるようになれば、そのデータを基盤とするさまざまなサービスが開発されるでしょう。

別の視点になりますが、「移動空間」としての活用も期待しています。例えば通勤で使う人がすごく多いという事実から、毎日、決まった生活パターンでドライバーズシートに座っているところに着目するとします。ここで各種の身体データを取れば、同じ生活パターンにおける規則的なデータ収集が可能になります。コネクテッドカーを「通信機能を持つ移動空間」と捉え直せば、新しい価値や新しい活用法が見えてくるのではないでしょうか。

――自動運転とコネクテッドについて、事業開発の観点で指摘したいことは何ですか。

白石さん　テクノロジーのコストが一定ではないことです。ストレージやコンピューティングパワーの調達コストはどんどん下がっています。将来、調達コストがどのように推移するのかを十分に見越した上で取り組むべきです。減価償却をどうするかを考えて計画すれば、対象となる技術ごとに適切なやり方というものが見つかるでしょう。通信もコンピューティングパワーもストレージも、コストは時間とともに下がります。新サービスの立ち上げ時には、どの段階になれば利益が出てくるのかをテクノロジーコストの変化を織り込んで分析すべきでしょう。

交通事故解析の専門家に聞く

Q 事故解析で必要なものは何ですか？

A クルマが事故のときにどう動いたのかを示す「正確な履歴」です。開発現場にフィードバックして安全性を高められるだけでなく、被害者救済にも役立ちます。

回答者　交通事故総合分析センター　業務部長　金丸和行さん
研究部特別研究員兼研究第一課長　西田泰さん

国内の交通事故件数はこの10年、減少傾向にあります。警察庁交通局が公開する統計資料によれば、国内の交通事故件数は2006年の88万7267件が、2016年には53万6899件に、交通死亡事故件数も2006年の6208件から2016年の3790件へと、それぞれ約6割に減少していることが分かります。この事故件数が少なくなったことと、自動ブレーキに代表されるADASなどの自動運転技術の広がりは関係があるのでしょうか。

国内の交通事故の分析・研究・調査を担当する交通事故総合分析センターの金丸

さんと西田さんに、交通事故の現状分析と自動運転開発に対する期待と要望を聞きました。

――国内の交通事故は減少傾向にあります。これはＡＤＡＳなどの自動運転技術の普及と関係しているのでしょうか。

金丸さん　国内の交通事故に関係する統計データの調査項目に、事故車が自動ブレーキなどのＡＤＡＳ機能を搭載していたかどうかの項目は含まれていません。このため、統計データからは「ＡＤＡＳが事故削減に効果がある」と言うことはできない状況です。

一方で、多くの事故原因を調査してきた現場の感覚でいえば、「自動車の安全性能が高くなったことによって死亡事故が減ってきた」とハッキリと言えます。

交通死亡事故を削減できたのは、さまざまな立場の多くの努力があったから

西田さん　例えば、以前なら死亡事故になってしまうような厳しい状況の事故でも、今のクルマはドライバーや同乗者が死なずに済むケースが増えています。正面衝突の場合、昔だったら重傷者か死者が出るのが当たり前でした。今は違います。車体はつぶれるけれど、乗員の被害は小さい。プリテンショナー、エアバッグ、サイドエアバッグなどの安全装置によって、被害が軽減されているのです。こうした工夫のおかげで、今のクルマは事故の際に乗員が致命傷を負わないようになりつつあります。

金丸さん　指摘したいのは、クルマが装備する各種の安全装置やＡＤＡＳ機能だけが交通死亡事故を削減しているわけではないことです。交通事故の原因はドライバー、自動車、環境などのさまざまな要因が複雑に絡み合っています。それぞれの要因を取り除くために、多くの方々がそれぞれの立場で努力を続けてきたことが、全体として事故の削減に結びついたと見るのが適切です。例えば、交通安全教育や飲酒運転の取り締りの強化があります。

――自動ブレーキを装備しているかどうかは、事故を起こした車種が分かれば推定できるのではないでしょうか

金丸さん　現時点では、どの車種が自動ブレーキを装備しているかを一覧できる仕組みがありません。ただし、自動ブレーキに関しては、義務化や損害保険関連での新たな動きもありますから、関連団体の協力の下で、自動ブレーキ装着の有無を調査項目に含めていきたいと考えています。

西田さん　とはいえ、仮に事故車が自動ブレーキを装備していたとしても、事故発生時に自動ブレーキが効果を発揮していたかどうかは別の話となります。自動ブレーキ搭載車であっても、ドライバーのブレーキングのミスで事故を起こしてしまうこともあるでしょう。

一方で、事故を起こしたとしても、自動ブレーキのおかげで事故被害が小さくなることもあります。また、ブレーキングしたという記録が残っていたとしても、それが自動ブレーキの動作かドライバーの操作かといった情報は入ってこないので詳細は分かりません。統計データとして分析する場合は、どのような状況での事故なのかを細かく見ていく必要があると考えています。

国で異なる事故状況、日本で多いのは対歩行者事故

――2017年6月に交通事故総合分析センターが公開した交通死亡事故状況

の海外比較を見ると、国によって事故の傾向が異なっていることが分かります。自動運転技術の開発においても安全性を高めるには地域特性をかなり盛り込む必要があるということでしょうか。

金丸さん　確かに、国が違えば交通死亡事故の状況にも違いが出てきます。欧米の交通死亡事故を見てみると、ドライバーが命を落とすケースが半数程度あります。特に米国や北欧は自損の単独事故が多いです。これに対して日本は、対歩行者の事故が圧倒的に多い。特に「左折時の歩行者巻き込み」は日本特有の事故原因といえます。

もっとも、自動運転開発に当たっては、まずは世界に共通する安全運転技術の開発を第一にすべきでしょう。そうした共通の基盤を確立した上で、地域別の特徴を加味した技術開発を加えていく。自動運転は世界で競う技術分野だから、世界に通用する技術開発が求められると考えています。

西田さん　日本は対歩行者の交通死亡事故が多いですが、この傾向は韓国も同じです。日本で対歩行者向けの安全装置を開発すれば、それは韓国をはじめとする対歩行者の交通事故の多い海外市場での販売活動時に訴求ポイントとして活用できるでしょう。

開発者に求められる「自動運転車の客観的で詳細な動作履歴」

――事故現場を知る専門家の立場で、自動運転開発者に要望はありませんか。

西田さん　一番お願いしたいのは、自動運転車が何をしたのかの履歴を残すことです。ドライブレコーダーのように、客観的な動作記録を残して、後から検証できる仕組みを入れてほしい。記録が必要なのは、装置が「いつ」「何を」「どう」動作させたのかです。そして、これらの動作履歴を開発者にフィードバックする仕組みが必要になります。さらに米国のような標準化も望まれます。

自動ブレーキは普及しつつありますが、統計データを見ると、追突事故は減っていません。出合い頭は減っているし、追突事故にしても被害は軽くなっているかもしれない。ただ、何らかの別の事故原因が生まれている可能性はあります。

事故原因はさまざまです。各種の安全装置が、開発者が想定したように動作しているのかを個別検証し、その実態を開発現場に戻すことができれば、効果的に安全装置を改良できるはずです。

金丸さん　動作履歴を残すことは、被害者救済の観点からも必要です。事故が起こったときの対応が円滑になるからです。調査の費用を軽減できますし、被害者への補償までの時間を短くすることにもつながるでしょう。

クルマの安全性技術の専門家に聞く（その1）

Q 自動運転レベルは高いほど安全ですか？

A 自動運転レベルの進化と安全性の進化は別ものです。自動運転レベルが低くても安全性を高めることはできます。

回答者　デンソー　アドバンストセーフティ事業部長　常務役員　隈部肇さん

独アウディがレベル3の自動運転車として新型「A8」を市販すると発表して以来、自動運転レベルの違いが話題に上る機会が増えています。世界で広く用いられている自動運転レベル1〜5は、数字が大きくなるほどドライバーの運転への関与義務が少なくなります。その中でレベル3は、一定条件の下でドライバーが運転操作から解放される自動運転技術であり、一番レベルの高いレベル5はドライバーレスの完全自動運転技術を意味します。

自動運転レベルが高まれば、ヒューマンエラーが生じる場面は少なくなりますから、その点に関しては安全性が高まると見ることができます。ただし、レベル3の自動運転車は自動車とドライバーとの間で運転操作の権限委譲を実行しなければなりません。この権限委譲は、レベル3ならではの操作なので、多くの人が初めて経験することになります。このため、この権限委譲操作が新たな事故原因になりかねないとの指摘も出ています。

ドライバーが安全に運転操作するための各種支援技術で豊富な開発実績を持つデンソーは、安全性向上のための開発コンセプトとして「いつもの安心、もしもの安全」を掲げて研究開発を進めています。自動車の安全性を追求する立場で見たとき、自動運転技術が作る未来はどう見えているのでしょうか。デンソーで自動車の安全性向上の指揮を執る隈部さんに、自動運転技術の発展が自動車の安全性をどう進化させていくのかを聞きました。

――自動運転によって解決が期待されている社会課題に交通事故の削減があります。自動運転技術についてはレベル1～5という5段階が設定されていますが、レベルが高くなるほど、その自動車の安全性が高くなると考えていいのでしょうか。

隈部さん　必ずしもそうとは限りません。安全性を高めることと自動運転レベルを高める技術的な進化は別のものだからです。レベルが上がることで安全性が高まることもあるでしょうけど、そうならないこともあります。レベル2のままでも、安全性を高めていくことはできるのです。

ヒヤリハットを取り除くことが交通事故の削減につながる

――安全性を高めるためにはどのようなアプローチが必要なのでしょうか。

隈部さん　我々は、事故・災害の経験則として知られる「ハインリッヒの法則」が、交通事故の場面にも当てはまると考えています。

ハインリッヒの法則では、一件の大きな事故の裏には、29件の軽微な事故と300件のヒヤリハット（事故にはならなかったものの、ヒヤリとしたり、ハッとしたりした事象）があるとされています。運転におけるヒヤリハットの原因としては、ドライバーの疲れ、不安、苦手な操作などがあるでしょう。つまり、これらのヒヤリハットをさまざまな技術や工夫で一つずつ取り除いていくことが、交通事故の削減につながると見ています。

――デンソーの開発コンセプトである「いつもの安心、もしもの安全」で言えば、ヒヤリハットを減らす部分がいつもの安心に当たるのですか。

隈部さん　そうです。我々は事故を分析して、事故が起こる前から起こった後まで、それぞれの時点での運転支援を考えています。「いつもの安心」とは、通常運転時の情報提供や操作代行、危険時の警報など、ドライバーが日常的に行っている認知・判断・操作を支援してドライバーに安心を提供することを意味します。一方の「もしもの安全」は、事故が起こる直前での操作介入と、事故後の乗員保護といった緊急時の危険回避と事故時の被害軽減のことです。

――安全性を高めるという観点における当面の目標は何ですか。

隈部さん　まずは安全なクルマ選びの指針となっている自動車アセスメント「ＮＣＡＰ」の要件をクリアすることです。ＮＣＡＰをクリアすることは簡単ではありません。ＮＣＡＰでは、２０１６年の昼間の対歩行者向けＡＥＢ（緊急自動ブレーキ）に続き、２０１８年には夜間の対歩行者向けＡＥＢと、飛び出し自転車向けＡＥＢが要件となっています。これらの対応は終えていますが、

２０２０年には出合い頭の対自動車向けＡＥＢの試験が始まるので、今はその対応を急いでいます。

日本に多い対歩行者事故、だから対歩行者の安全性を重視する

もう一つは実際の安全、いわゆる実安全にこだわった技術開発を進めることです。例えば交通事故の原因は国別に異なっていて、日本は対歩行者の事故が多い。死亡事故に占める対歩行者事故の割合は全体の３分の１以上です。こうした傾向は欧米には見られません。だから我々は対歩行者の安全性を重視しています。

特に日本には暗い一本道が多く、そうした場所でドライバーが歩行者に気付かずに事故を起こしてしまうケースが少なくありません。このような事故を回避できるように、ＮＣＡＰより厳しい（暗い）条件をクリアすることを開発目標に掲げました。ＮＣＡＰクリアは当然として、暗い日本の道でも歩行者を認識できる技術を確立すれば、それは世界に通用します。

――見えにくいという意味では、雨の日も歩行者の認識は難しいですけど、これは夜道と同じ対策で十分でしょうか。

隈部さん　夜道と雨の日では、状況認識に役立つセンサーが異なります。暗い道対策はカメラで対処しますが、雨が降るとカメラでは見えにくくなります。雨の日は、雨でも周辺物を検知できるミリ波センサーを使います。カメラとミリ波センサーがそれぞれ入手したデータの認識処理をうまく組み合わせる「センサーフュージョン」を活用して、認識精度を高めていきます。

実安全を高めるために実際の道路状況に近いテスト環境も作りました。2014年7月に完成した自然環境試験棟には、1時間雨量で4㎜から50㎜の雨を降らせることのできるコースがあります。実環境に近い試験環境でテストすることで、実安全を高められると考えています。

今のクルマなら事故時の詳細な動作履歴を残せる

――現在、保険会社が自動ブレーキを装備したクルマを対象とする保険商品を企画していると聞きます。こうした商品の登場を考えると、例えば事故が起こ

ったとき、ブレーキ痕が残っているけれど、その操作は人間が実施したのか、それとも自動ブレーキの制御なのかを後から追跡調査できる記録があると望ましいのではないでしょうか。

隈部さん　正確な記録を残すことは技術的には問題ありません。今の自動車なら、「なぜその動作をしたのか」を細かく記録することは簡単です。ただ、どのように記録するのかについては、個々の企業がそれぞれ考えるのではなく、何らかの基準や規定を満たす形で残したいと考えています。

実際、エアバッグについては、エアバッグが作動したときの車両動作を時系列で記録する「ＥＤＲ」というルールがあります。これと同じように何らかのルールが決まれば、それに沿って車両がどのような状態だったのかを記録する仕組みを作り込めます。今は記録に関する基準制定を待っているところです。

――自動車の技術開発では、乗り味のようなものが重視されていると聞きます。自動運転になると、安全性が高まるだけでなく、運転の上手なドライバーに運転してもらっているような快適な乗り心地も実現できるようになるのでしょうか。

隈部さん　乗り味を加味した運転操作は十分にできると考えています。その際、自分が運転しているときの乗り味と、パッセンジャー（乗員）としての乗り味は違うかもしれません。ここは十分に考える必要があります。ヨー（上下を軸にした回転動作）、ロール（前後を軸にした回転動作）など、ドライバーの身体は運転中に生じたさまざまな力を受け止めています。この力の受け止め方の感覚は、ドライバーが自ら運転操作しているときと、自動運転ソフトが制御しているときとでは、異なる可能性があります。ですから、ドライバーとしての感覚と、パッセンジャーとしての感覚がどう異なるのかについて、人間の感覚を研究しなければ快適な乗り心地は実現できないでしょう。

ドライバーは、自動運転車が何を考えているのかを把握するべき

大事なことは、当面の間、クルマの中にいるドライバーのことを十分に考えて各種技術を作らなければならないということです。例えば自動レーンチェンジという機能があります。このとき自動運転車はドライバーに「今はどういう状況で、こうした理由からこの操作を実行しています」といったことを伝える

必要があると見ています。

将来的にはそうしたことは必要なくなるかもしれませんが、今はまだ、自動運転モードの時に自動車が何を考えて操作しているのかをドライバーが把握しておくべきと考えているからです。この必要性は、レベル3の自動運転車におけるハンドオーバー（運転操作の権限委譲を自動車とドライバーの間で実施する行為）の場面にも当てはまるはずです。

――自動運転に関連する技術としては、自動車同士が通信する車車間通信「V2V」や自動車と信号などのインフラ設備が通信する路車間通信「V2I」を活用するための取り組みもあります。これらV2X（V2VやV2Iなど、クルマが備える通信機能の総称）はどのような場面で活用することになるのでしょうか。

隈部さん　車両に装備したセンサーが認識できるエリアはクルマの近くで、見通しのいい場面に限られています。通信機能を使えば、センサーでは認識できない交通状況も把握できるようになります。例えば車車間通信を実行しているケースでは、前のクルマが障害物をよけたときに、その障害物情報を後ろのクルマに伝えることによって、後ろのクルマは前もって障害物をよける準備ができ、安全でスムーズなハンドル操作が期待できるようになります。このように、前もってさまざま道路情報を受け取っておけば、それだけ事故を回避できる可能性を高められます。センサーは数百メートル先の事象を捉えることができますが、それより先に何が起こっているのかは通信の力を使わなければ収集できません。V２Xだけでなく、クラウド地図が持っている広範囲の交通情報も取得して活用すれば、さらに安全性は高まるでしょう。

クルマの安全性技術の専門家に聞く（その2）

Q 人工知能は事故時の振る舞いを説明できますか？

A 深層学習だけでは難しいので、ルールベースと組み合わせます。

回答者　デンソー　アドバンストセーフティ事業部長　常務役員　隈部肇さん

自動運転ソフトの基本技術として用いられているのが、人工知能の一つの方式である深層学習です。深層学習の特徴は、多くの運転操作データを人工知能に学習させることで、操作の特徴などを人工知能自身が見つけて学び取るというものです。これまでは、それぞれの条件ごとにどう判断するかのルールを決めて、それを学ばせる方法が一般的でしたが、このやり方で運転操作を人工知能に学ばせるには、数え切れない多数のルールを細かく設定する必要があるだけでなく、そのルールの決め方も簡単ではありませんでした。深層学習を用いれば、安全に運転操作をしている運転操作データを大量に用意することで、人間同様の運転操作を人工知能に覚えさせることができるわけです。

ただし、深層学習による判断処理は、それを学ばせたエンジニアであっても、どのような判断を下すのか予想できないという問題があります。例えば深層学習によってプロ棋士を打ち負かすほど強くなった囲碁ソフトが繰り出す一手は、プロの棋士でも「なぜその一手なのか」を分析できないケースが出てきています。同様に、自動運転ソフトが障害物を回避しない場合、なぜ回避しないのかを説明できないケースが起こり得るわけです。

自動車の安全性向上に向けた技術開発を進めているデンソーは、周辺物認識に欠かせないカメラ、ミリ波レーダー、ライダーなどのセンサーや、センサーが取得したデータを用いた画像処理技術を自社開発してきました。加えて2016年からは、画像処理や人工知能といった技術分野において他企業との共同研究や協業に乗り出しています。人工知能を活用することのメリットと注意点について、デンソーの隈部さんに聞きました。

目指すゴールが一つでも、たどり着くためのルートはいろいろある

――2016年から他企業との協業・共同開発の動きが活発になっています。

人工知能や画像処理関連だけでなく、移動サービスの会社への出資もありました。デンソーがこうした協業を積極的に進める狙いを教えてください。

隈部さん　協業にはいくつか狙いがあります。開発のスピードを上げること、研究開発に費やす時間を買うという側面もあります。すべてを我々が自前でやっていたのでは時間がかかってしまいますから。

ただし、スピードだけを求めているわけではありません。目指すゴールが一つであっても、そこにたどり着くためのルートはいろいろあります。いろいろなルートを研究するための協業もあります。もちろん、協業したからといって自社開発をやめるわけではありません。遠回りでも、自らが決めた方針でルートを見つけるべきだと考える領域もありますから。自分でコツコツやることが大事だと考えているので、研究開発においては複数ルートでゴールを目指すことはしばしばあります。

協業のやり方もさまざまです。例えばライダーについては、個々の部品・技術はさまざまな企業のものを導入しています。ただし、組み立てて商品化するところは自分でやっています。

――技術面で力を入れているのは何ですか。

隈部さん　今、一番注力しているのはセンサーデータを用いた画像処理の分野です。画像処理の高機能化には人工知能の応用が必要になってきますので、その実現に当たってはさまざまな分野での研究活動が欠かせません。それらすべてを我々だけで進めるのは難しいですし、時間もかかります。今はさまざまな組織との協業を進めています。

人工知能に関しては、まず人工知能アルゴリズムの開発があります。これはパートナー企業や大学と進めます。人工知能を育てる学習データの確保も重要です。こちらは海外拠点やベンチャー企業と連携しています。そして人工知能を育てるには高速なコンピューティング環境が必要になります。また、量産に当たってはハードウエア設計手法の研究も欠かせません。これらはパートナー企業と共同開発してセンサーに埋め込む計画です。

画像処理の適用場面としては、ドライバーモニターと自動運転における周辺認識があります。ドライバーモニターでは、ドライバーの様子をカメラで常時撮影して画像情報を収集し、安全な運転操作が期待できる状況にあるかどうかを判断して、安全を確保できないと判断した場合に警告を出す製品を商品化しています。人工知能を用いることで、モニターの精度を高めていく考えです。

深層学習で運転シーンを学習、「次のシーン」の予測精度を高める

――協業を推進するなどして力を入れている画像認識技術ですが、新たな開発成果は出ていますか。

隈部さん　大きな成果が出ています。例えばこれまでの周辺認識では、人、クルマ、白線をそれぞれの辞書に照らして見比べて認識していました。今後は深層学習を用いて、運転シーン全体を認識できるようになります。

具体的には、道路とクルマを個別に認識するのではなく、「道路の上にあるクルマ」というシーンで認識できるようになりました。シーンで認識すれば、次のシーンの予測が可能になります。シーンに時間軸を組み合わせて解析・学習することで、クルマや人が、次にどちらに動くのかを学習できるようになるからです。この予測により、自動運転の際に、自動車の安全な走行エリアとなるフリースペースの予測精度が高まります。安全な自動運転を実現するための大きな進歩といえるでしょう。

——深層学習を使うことで、これまでできなかったレベルの認識精度や予測精度を獲得できる一方、運転操作においては、なぜその操作をしたのかという説明責任が求められる可能性があります。深層学習に基づく制御については、説明責任の観点で不安視する声もあるようですが。

隈部さん　確かに、深層学習のような人工知能技術を用いると、精度を高めることができるものの、なぜそのような振る舞いをしたのかについて後から説明できないケースが生まれる危険があります。そこで我々は深層学習だけに頼るのではなく、「ルールベース」も取り入れることにしました。

具体的には、一定の条件に合致したときには、事前に定めたルールに従って操作する仕組みにするのです。こうすれば、緊急時の自動運転操作について、説明責任を果たせるようになると考えています。

「デッドマン・システム」の実現で考慮すべき二つの課題

——緊急時の安全についてトヨタ自動車や独ダイムラーは、ドライバーが運転

操作していない状況が続いたときに作動する「緊急時の自動停止機構」を実用化しました。これは「デッドマン・システム」（運転手が急死した場合などに対処するための緊急停止システム。鉄道などの公共交通機関などで実用化されている）と見なせますが、こうした安全機構は今すぐ広く実装するべきではないでしょうか。

隈部さん　デッドマン・システムはドライバーが操作できないという状況の下で自動車が運転操作を実施することになるため、我々は自動運転のレベル3に相当すると見ています。確かにこうした緊急事態はドライバーに操作を委ねるよりも、機械が操作した方が安全でしょう。

ただし、その実現に当たって考慮すべき課題が二つあります。第一はドライバーがどういう状態にあるかを正確に把握すること。第二は、仮に自動停止するときに、本当にそこが安全に停止できる場所なのかを見極めることです。ドライバーの状態把握と安全な停止場所の見極めには、もっと研究が必要だと考えています。

――レベル3の実現に当たっては、運転操作が自動車からドライバーに切り替

わるまでの時間が議論されています。例えば10秒という基準ができたとしても、すべてのドライバーがどんな状態からでも10秒間で運転操作に復帰できるのでしょうか。仮に基準を満たした製品が商品化されたとしても、ユーザーによっては不安を感じるケースがあるように思います。

隈部さん　確かに疑問や不安を感じるかもしれません。ただ、自動運転の高度化技術の開発促進という観点で見ると、こうした基準制定には意義があります。開発現場は、ある開発目標が設定されればその実現に向けて知恵を出せるからです。

たとえ不完全な目標であったとしても、目標があればそれを実現するためにチャレンジし、その目標をクリアすれば、開発結果を世に問うことができます。次は、その結果に対する意見を聞いて、新たな目標を立てて、それをクリアする。この繰り返しによって完成度が上がっていくわけです。

新しい世界を実現するためには何らかのルールを決め、そのルールを満たす階段を設けることが重要です。そしてその階段を一段上る勇気を持つこと。これを繰り返すことで新しい世界が作られていくのではないでしょうか。

自動運転の先駆者に聞く（その1）

Q 無人運転でイノベーションを実現できましたか？

A 無人化だけなら人手不足対策にしかならないので不十分です。仕事のやり方が変わらなければイノベーションは起こりません。

回答者　コマツ　取締役会長　野路國夫さん

ドライバーの座席がない巨大な無人ダンプトラック、熟練オペレーターでも難しいセンチメートル単位の精度で平らに整地するＩＣＴ（情報通信技術）ブルドーザー、設計図面を三次元データで読み込み、図面通りの精密な傾斜を機械制御で作り上げるＩＣＴ油圧ショベル――。自動運転が産み出す次世代の高効率・高精度な建機を世界に先駆けて実用化し、「自動運転が作る建設現場」を現実世界に持ち込んだのが、建機大手のコマツです。

コマツは、米グーグルが自動運転開発に取り組む以前から無人ダンプトラックの開発に着手し、世界中の研究機関から自動運転関連の情報を収集しながら、独力で無人ダンプトラックの商品化を実現しました。

世界に先駆けて自動運転の実装を進め、自動運転が作る産業構造の変化を目の当たりにしてきたコマツの野路國夫さんに、自動運転が作る未来の産業構造を聞きました。

無人運転で必要だったのは、詳細な地図と高精度の自車位置測定技術

――コマツが無人ダンプトラックを発表したのは2008年ですね。そもそもなぜ無人化を目指したのでしょうか。

野路さん　鉱山でダンプトラックを運転してくれるドライバーが不足していたからです。鉱山の掘削作業で生じた土を運ぶダンプトラックは4000メートルの高地を走り回っています。30分かけて1000メートルを下って土を載せ、1時間かけて上ってきます。空気も悪いし、労働条件は劣悪です。鉱山での建機ユーザーはどこも、運転手のなり手がいなくて困っていました。そこでダンプトラックの無人化に取り組みました。

――自動運転では、人工知能を用いた自動運転ソフト、周辺認識や自車位置測定のためのセンサーと画像処理ソフト、周辺の状況把握のための高精細地図など、さまざまな技術を組み合わせなければなりません。それらの技術開発はどのように進めたのですか。

野路さん　すべて海外から調達し、自前で組み上げました。今なら、自動運転を実現するためにどんな技術が必要になるのかはよく知られています。ただし、我々が開発を始めた十数年前は何も分かっていませんでした。だから、ネットで世界中の研究論文を検索するなどして、ゼロから調べました。

そうする中で、ＤＡＲＰＡ（米国防総省の国防高等研究計画局）が無人戦車や無人飛行機を研究していたことや、その研究者がスピンアウトしてベンチャーを作っていたことを知りました。そうしたベンチャー企業や海外の大学、研究機関に相談し、技術を供与してもらって無人運転システムを作ったのです。

例えば無人運転では詳細な地図と高精度の自車位置測定技術が必要になります。鉱山では日々、ブルドーザーが新しい道路を作っているので、地図は刻々と変わります。だから、ＧＰＳを搭載した車を走らせたり、パトロールカーに地図作成用のセンサーを取り付けたりして、自前で地図を作って、日々アップデートしなければなりません。自車位置測定では五つ以上の衛星を使って、プラスマイナス50㎜の精度を実現しました。

無人車両を管理している実感が、オペレーターに安心感を与える

——大型ダンプトラックの無人運行では、現場の作業員の安全確保が重要になります。どのようにしてユーザーに納得してもらったのでしょうか。

野路さん　大事なのは、一緒に作業する有人車両のオペレーターを安心させることでした。これは、オーストラリアの鉱山現場で同国のお客さんと仕事を進める中で分かったことです。鉱山の現場では、ドライバーを乗せた一般車両と大型の無人ダンプトラックがすれ違います。５００トン以上の自重を持つ巨大ダンプトラックが無人でこっちに向かってくるわけですから、ドライバーはとても怖い。そこで、その不安を取り除くために、有人車両との距離に応じて無人ダンプトラックを減速する機能や、無人ダンプトラックの走行を停止できる赤いボタンを取り付けました。緊急時にはこのボタンを押すことで無人ダンプトラックを停止させられるわけです。

このように、有人車両のオペレーターが「私が無人ダンプトラックの運行を管理・制御している」という実感を持つことができれば、安心して無人車両と一緒に作業できるようになります。ほかにも、車両に周辺物を検知するミリ波センサーなどを取り付け、石が落下してきたら、その事象を検知して自動停止する仕組みも作りました。今は、1500キロメートル離れた集中制御室からリアルタイムで監視・制御する仕組みも整えています。

無人化・自動化を商品化すると、作業員の安全性確保という重い責任が付いて回ります。ただし、自動化することで大きなメリットがあることは事実です。無人ダンプトラックは休まずに稼働させられるので1台当たりの生産性は高く、お客さんが得られる利益は大きい。だから、何とかして安全性を高めようといろいろな安全装置を開発しました。最初からすべてが分かっていたわけではありません。やっていく中で積み重ねて安全性を高めてきました。安全面の仕組みは今も進化しています。

――自動運転による無人化によって、顧客に提供する価値を大きく高めること

コマツのICTブルドーザー（左）とICT油圧ショベル（出所：コマツ）

ができましたか。

野路さん　無人化だけでは不十分です。工法が変わらないなら、ただの人手不足対策にしかならないからです。イノベーションを起こすには、仕事のやり方が変わるような変革が必要なんです。

そこで一般建機の自動化では、人ができないことに取り組みました。具体的には熟練オペレーターを上回る精度での作業を自動制御で実現することです。

ＩＣＴブルドーザーに自動制御の機構を組み込んで、熟練オペレーターでもプラスマイナス50㎜だった整地の精度をプラスマイナス15㎜にしました。同様にＩＣＴ油圧ショベルでは、熟練オペレーターでも実現が難しい綺麗な傾斜を仕上げられるようにしました。これらのICT建機には、現状の地形データと施工図面データを三次元データで入力します。そのために、地形データを三次元データとして測量する技術も開発しました。

ICT建機は有人車両であり、無人化していません。整地や仕上げ掘削は機械に実行させますが、ほかの作業はオペレーターが操作します。

自動車の自動運転開発も同じではないでしょうか。まっすぐ走る、ブレーキをかける、追い越しをする、駐車する――。こうした自動車が実行することを一つずつ高い精度で自動運転できるようにして、成果を積み上げていくことになるのでしょう。

自動運転は自動車修理に「専門性」と「修理期間の短縮」を求める

――自動運転車の普及による産業面での変化としては、どんなことが考えられますか。

野路さん　自動車の世界について言えば、自動車修理サービスは大きく変わるでしょう。ポイントは二つあります。第一は専門性が高まること。クルマが自動運転対応になれば、そのためのメンテナンスは極めて専門的になっていくはずです。これまでクルマが装備していなかったセンサーや運転ソフトがクルマに搭載されるようになるため、それぞれ専門のメンテナンスが求められます。今ある街中の自動車修理工場では対応できなくなる可能性が高いです。

第二は稼働率が高まること。米ウーバーテクノロジーズのような配車プラットフォームを活用したオンデマンド配車サービスが一般的になれば、自動車の稼働率が高まります。当然、クルマは酷使されることになるのでクルマを修理する頻度も高まる。稼働率が高いので、修理期間をできるだけ短くしたいというニーズも強まるでしょう。

自動運転の先駆者に聞く（その2）

Q なぜプラットフォーム構築を急ぐのですか？

A ユーザーがプラットフォームを受け入れるなら、ハードウエアメーカーはプラットフォーマーの下請けになりかねないからです

回答者　コマツ　取締役会長　野路國夫さん

自動運転の先駆者であるコマツが自動運転時代を見据えて取り組んでいるのが、建設現場を可視化するIoTベースのオープンなプラットフォームです。2017年7月にはNTTドコモ、SAPジャパンなどのIT企業と手を組み、プラットフォームを共同構築する構想を明らかにしました。プラットフォーム上の各種アプリの販売対象は、建機のユーザーである中小の建設事業者です。コマツユーザーはもちろん、競合する建機メーカーのユーザーにも使ってもらえるオープンなプラットフォームに仕立てる考えです。

コマツの野路さんは「人工知能とIoTを使いこなせない企業は衰退する。自動運転とシェアリングエコノミーをフル活用し、作業全体を効率化するプラットフォームが新たに求められている。明日の競争相手は既存業界の中にはいない。先を読んで動かなければ、建機メーカーはプラットフォーマーの下請けになりかねない」と危機感をにじませます。自動運転時代におけるプラットフォームの意義を野路さんに聞きました。

生産性向上はアプリで、だからプラットフォームはオープンに

——建設業務向けのオープンなIoTプラットフォームを立ち上げました。その狙いは何でしょう。

野路さん　これまでも建機のお客さん向けのプラットフォームが必要だと認識していろいろやってきました。しかし、自分たちだけでやっていたのではうまくいかないことが分かりました。顧客の生産性や安全性を高めるアプリは、アプリ提供者が互いに競い合って高い価値を顧客に提供すればいいわけですが、プラットフォームはオープンでなければダメです。そこでIT企業と手を組みました。共同開発するIoTプラットフォーム「ランドログ」は、競合する他社のユーザーにも使ってもらえるように、別メーカーの建機による作業実績も管理できるようにします。

――建機のビジネスをプラットフォームのビジネスで囲い込むということなのでしょうか。

野路さん　そうではありません。プラットフォームやその上でアプリを提供するビジネスと、建機を売るビジネスは全く別です。プラットフォームはアプリを開発しやすくするための基盤となるもの。そしてプラットフォーム上のアプリは、お客さんの工事現場における作業全体の生産性を高めるためのものです。作っているアプリは、例えば建設現場のトータルな配送システム。ダンプトラックや建機を適切にジャストインタイムで配車するシステムです。

我々はこれまで鉱山現場のユーザー向けに鉱山向けの配車管理システムを作り、それを提供してきた実績があります。そこでは競合メーカーの建機も動かしています。鉱山現場限定のウーバーのようなものです。この経験から言えるのは、一般建機の場合は、鉱山現場以上に配車を効率化しなければ生産性が上がらないということ。なぜなら、一般建機を用いるお客さんの仕事の生産性は、ダンプトラックの配車をどれだけ効率よくできるかにかかっているからです。だから配車アプリが絶対必要になります。そしてアプリの基盤となるプラットフォームはオープンでなければならないのです。

生産性向上は建機の高度化だけでは達成できない

――建機の世界で他社より秀でているだけではダメなのでしょうか。

野路さん　もちろん建機は我々のコアビジネスだからしっかりとやっていきます。自律走行や自律操作、機械制御の研究はこれからも続けます。ただし、建機だけで達成できる生産性向上には限界があります。

お客さんにとって生産性を高めるということは、道路を作る場合なら、工期全体をどれだけ短くできるかということです。これは建機の高度化だけでは達成できません。道路を作るという作業のプロセス全体を見通して、工期を短くするための仕組みを組み込まなければならないのです。この効率化を図るのが、プラットフォーム上の「スマートコンストラクション」の各種アプリです。プラットフォーマーは作業全体を見通して、課題解決を実現するアプリ提供者がアプリを開発しやすい環境を構築するでしょう。それをお客さんや、アプリ提供者が受け入れるなら、ハードウエアメーカーはプラットフォーマーの下請けになりかねません。

「自動車による移動」の世界ではそれが始まっています。米ウーバーテクノロジーズのようなプラットフォーマーが登場し、人工知能を活用して効率的に配車するサービスを開始しました。シュエアリングエコノミーによって生産性が高まるため、料金は安く、タクシーの半分以下です。２０１７年になって米国の新車販売台数が減り続けていますが、この影響を受けているからではないでしょうか。将来、ウーバーは自動車メーカーの大手顧客となるでしょう。自動車メーカーがウーバーの下請けになるかもしれません。

機械を売っているだけなら、売り上げは必ず減っていく

――建設事業者向けのプラットフォームは建設機械メーカーでなければできないものなのでしょうか。

野路さん　そんなことはありません。自動車業界におけるウーバーのように、ＩＣＴに強いベンチャーが突然参入してくるかもしれません。我々がハードウエアメーカーに徹して何もしなければ、誰かがプラットフォーマーとして入ってくるでしょう。そして、誰かにプラットフォームを支配されれば、我々はその下請けになりかねないのです。

プラットフォームを作るには現場作業のすべてを知り、現場全体の可視化を実現しなくてはなりません。建機の知識だけではダメです。だから測量にも取り組みました。ドローンを使って測量する手法を使っていますが、その測量技術は米国・シリコンバレーの企業と共同で開発しました。この技術は測量メーカーに提供しています。これもプラットフォームのためです。

――プラットフォームの登場によって産業にはどのような変化が出てくると見ていますか。

野路さん　ハードウエアの販売台数が激減すると見ています。なぜなら、プラットフォーム上の各種アプリはハードウエアの稼働率を高めることで生産性を上げるからです。稼働率が高くなるのだから、そこに必要なハードウエアの数は少なくて済みます。今までの半分程度になってしまうかもしれません。配車アプリで言えば、建機や自動車の稼働率が高まるのだから、建設機械の販売台数も、自動車の販売台数も減っていくでしょう。つまり、機械を売っているだけなら、売り上げは必ず減っていくのです。

――プラットフォーマーは、その業界の習慣や慣例を知っている方が有利ですか。

野路さん　そんなことはありません。コマツ以外の誰がアプリを作るのか、どんなプラットフォームなら受け入れられるのかは、まだ見えていません。それでも、既存の業界の人より、業界と利害関係のない人の方がアプリを容易に作れることは間違いありません。しがらみがないから、効率的なことを大胆に提案できるし、実行できるからです。業界の人はしがらみが強いので、そうした行動は取りにくいでしょう。

――プラットフォーム・ビジネスで重視していることは何ですか。

野路さん　まず、どれだけ多くのお客さんを対象にできるかです。プラットフォームの価値は、どれだけのアプリ提供者が参加しているか、どれだけのアプリ利用者がいるのか、どれだけのデータ量が流通するのか、それらのボリュームだと思います。

アプリ提供者は分かりやすいメリットをお客さんに訴求できるかどうかも重要です。メリットが伝わらなければ「今のままでは生産性が上がらない」と悩んでいるお客さんでも、アプリを使ってくれないでしょう。お客さんが使いたくなる、分かりやすいメリットをきちんと提案できるかが大事なポイントになります。ただ、ここが難しい。アプリの良さを説得しているようではダメです。まだまだ十分ではないのですが、行動を起こすことが大事です。やっていればヒントやアイディアが生まれると考えています。

人工知能とIoTを使いこなせない企業は衰退する

――企業競争においては、やはり技術の優劣よりもビジネスモデルの優劣が重要なのでしょうか。

野路さん　かつて国内で「日本は技術に勝って、ビジネスモデルで負けた」と分析されていました。今は違います。技術もビジネスモデルも大事です。技術の進化を知らなければビジネスモデルを作れない時代になったからです。人工知能とIoTを使いこなせない企業は衰退します。人工知能やIoTといったイノベーションを引き起こす技術を使いこなすことが、新しいビジネスモデルの構築につながるのです。

我々は地図サービスの「グーグルマップ」をビジネスに活用していますが、グーグルマップの特徴は、クルマを走らせるだけで地図を作るという計測技術を米グーグルが作ったところにあります。我々も自動的に計測する仕組みを導入しているからよく分かります。優れた計測技術がなければ莫大なお金がかかるはずです。

ウーバーにしても、何十万台というクルマをリアルタイムで管理し、瞬時に適切な配車指示を実行し、決済まで済ませてしまっています。その仕組みを、人工知能をフル活用することでコストをかけずに実現しました。効率よく配車する人工知能技術があったから、あのビジネスモデルを作れたと思います。

――新しいビジネスモデルにしても、新しい技術にしても、なかなか日本から

は生まれないとの見方があります。

野路さん　今までは、どちらかというと最後まで答えが見えてからやろうとすることに問題があったと思います。答えが見えないとやらない。これではイノベーティブなことはできません。多くの人が我々の「コムトラックス」（コマツが開発した建機向けの稼働管理システム）のことを高く評価してくれますが、あれも、もともとは盗難防止で始めたものです。いろいろなアイディアはありましたが、最初から完全なシナリオを描けていたわけではありません。それでもやっていくうちにみんなが育ててくれて、どんどんバリューチェーンができてきました。

まずはやってみる。やってみて、みんなに使ってもらう。使ってもらう中でどんどん発展する。我々はお客さんの現場で一緒になって取り組み、技術を磨いて自分のものにしてきました。お客さんの現場で一緒に仕事をしていると見えてくることがあります。日本には優れたハードウエアの会社がたくさんある。勇気を持って、まだ答えの見えていない領域に向かって新しい一歩を踏み出してほしいと思います。

法律の専門家に聞く（その2）

Q 自動運転車の安全性は誰が保証しますか？

A 今は自動運転車の安全性を保証する制度がありません。ですから、道路交通法の順守と安全運転を保証する「自動運転車免許制度」が必要だと考えます。

回答者　花水木法律事務所　弁護士　小林正啓さん

国内の公道でクルマを運転するには、自動車運転免許を取得しなければなりません。これは道路交通法第六十四条で「何人も、公安委員会の運転免許を受けないで自動車又は原動機付自転車を運転してはならない」と定められているからです。では、自動運転車の場合はどうなるのでしょうか。

世界中の企業が自動運転技術の開発を競っており、すでに多くの国で公道テストが実施されています。米国では、万一のケースで運転を引き継ぐバックアップドライバーのいない状態での公道テストも始まっています。２０１８年３月のウーバーの公道テスト中の死亡事故はバックアップドライバーに過失があるとしても、「公道を走る自動運転車の安全運転性能を開発メーカーに任せきりしてもいいのか」との指摘が出てくるのは当然だと思います。

このような状況の中、自動運転車を社会に受け入れるための新しい制度として、「自動運転車のための免許制度」（以下、自動運転車免許制度）が提案されています。自動運転車のオーナーやドライバーを対象としたものではなく、自動運転車そのものを対象とする全く新しい免許制度です。新制度を提案する小林正啓弁護士は、「交通事故の減少が期待できる自動運転車開発はどんどん進めるべきであり、そのために自動運転車免許制度が必要」と説きます。自動運転車免許制度の必要性とメリット、実施イメージを小林弁護士に聞きました。

自動運転車の運転操作にもうまい下手があるはずだ

――自動運転車のための免許制度の概要を教えてください。

小林さん　日本の公道で自動車を運転する人は運転免許を取得しなければなりません。日本のドライバーは道交法を順守する義務があります。そしてその義務の履行を裏付ける制度として自動車免許制度が存在しています。自動車免許の取得は、道交法を順守することと、安全にクルマを操作できる運転技能があることについて、国がドライバーに求めたルールです。
こうしたことから、将来、自動運転車を社会が受け入れるには、今の運転免許制度と同様に、自動運転車のための免許制度が必要になるとみています。道交法を順守し、交通安全を守って運転操作できる最低限の技能を備えていることを、自動運転車が何らかの形で証明する必要があるからです。
この制度が誕生すれば、道交法の順守義務と運転操作の安全な実施に関する基準をクリアした自動運転車だけが、日本の公道を走ることが許されることになります。日本の国民と財産を守る上で、なくてはならない制度だと考えています。

――日本固有の制度をつくるということですか。

小林さん　日本に道交法があるように、世界各国にも同様の法律が存在します。それらは同一ではありません。ジュネーブ条約に代表される国際的な交通ルールや国際標準は存在しますが、国によって異なるところも多い。交通標識も国によってさまざまです。ルールをつくり、それをどう守らせるかはそれぞれの国が決めています。

自動運転車の開発は世界中の企業がそれぞれ独立に競争しながら進めています。ドライバーと歩行者の交通ルールの守り方にもお国柄があるし、そもそもドライバーの運転操作に優劣があるように、自動運転車の運転操作にもうまいと下手があるでしょう。将来、米国やドイツといったクルマ先進国だけでなく、アジアや南米の企業が製造した自動運転車も世界の市場に出回ることになります。

そのような状況の中で、日本の国民を交通事故から守るためには、日本の道交法を守り、安全な運転能力を持つ自動運転車かどうかを厳密にチェックする必要があるはずです。

――現行制度を拡充するような形では不十分なのでしょうか。

小林さん　国土交通省が管轄する道路運送車両法と省令は、自動車のハードウエアについて、満たすべき物理的なスペックを細かく規定しています。これらのスペックは、究極的には安全を目指すものですが、直接的には部品の仕様や強度などを規定していて、それさえクリアすればよいことになっています。

これに対して、自動運転車が備える交通法規順守と安全運転の能力は、ソフトウエアで実現されますから、部分的ではなく全体を試験しない限り、安全性は確保できません。そのため、ハードウエアに対する安全基準の延長では対処できないと考えます。

免許取得したメーカーには免責特権を与え、自動運転開発を活性化

――自動運転車免許制度が導入されると、どんなメリットがありますか。

小林さん　自動運転車免許制度は、その自動運転車の乗員や歩行者、他のクルマやバイクの乗員の安全を確保する上で必要な制度です。同時に、自動運転車のメーカーにとっても大きなメリットがあります。それは、自動運転車が事故を起こした場合の法的責任からの解放です。

現在、交通事故原因の8割以上は人為ミスといわれているので、自動運転車の普及は事故率を劇的に下げると予想されています。一方で、ドライバーのいない自動運転車が事故を起こすと、メーカーの法的責任が問われやすくなります。メーカーが法的責任を恐れて自動運転車の製造販売を萎縮してしまえば、交通事故は減りません。これでは本末転倒です。

したがって、自動運転車を普及させ、事故を減らすためには、運転免許を取得した自動運転車の事故について、メーカーの免責特権を設ける必要があると考えます。

――免責特権とは、「自動運転車が事故を起こしても、メーカーは責任を問われない」ということでしょうか。

小林さん　そうです。自動運転車の公道走行に当たって、自動運転車免許の取得を義務づける代わりに、事故を起こしてもメーカーの法的責任を原則として免除します。免責制度がないと自動運転車の事故責任は、自動運転車のメーカーやメーカーのプログラマーが問われることになり、開発意欲がそがれかねません。免許制度をつくり、その取得を義務づければ、安全性を高める制度として活用できるだけでなく、開発者がクリアすべきハードルを明確にできるので、開発が活性化するはずです。

メリットはほかにもあります。まず「粗悪な」人工知能を搭載した「安価な」外国製自動運転車を排除できるので、国内自動車メーカーの安全技術を守る防波堤の役割を果たすことができます。加えて、自動運転車の人工知能が一定以上の安全性を有することを担保できるので、自動車保険を適用しやすくなります。

――試験はどのようなものになると考えていますか。

小林さん　試験会場のテストコースを自動運転車に走行させる実技試験と、試験官役のコンピューターと自動運転車をネットワークでつないでサイバー空間で実施するサイバー試験になると見ています。サイバー試験では、あらゆるケースを想定したシミュレーション環境をサイバー空間に用意し、そこを自動運転ソフトでバーチャル走行してチェックを受けるというものです。

免許対象はクルマの車種、自動運転ソフトの流用は認めない

――この試験を受験するのは誰で、誰が免許を取得することになるのですか。

小林さん　受験するのは自動車メーカーになるでしょう。そして免許は、自動車のモデルごとに取得しなければなりません。例えばトヨタがクラウンの新モ

デルで受験して免許を取得した場合、その免許の対象はクラウンの新モデルだけになります。この後、カローラの新モデルを発売するときは、別途、カローラの新モデルで受験して免許を取得する必要があるわけです。同じ自動運転ソフトを搭載する場合でも、クラウンの新モデルで取得した免許をカローラの新モデルに適用できないということです。

免許の対象を自動運転ソフトではなく、車体を含むクルマそのものにするのは、クルマは車体の大きさや重さ、エンジンの馬力、ホイールベースの長さなどによって挙動が変わるからです。同一の自動運転ソフトを搭載したとしても、車体などのスペックが異なれば安全性能や運転能力に違いがでる可能性があるので、モデル間の免許の流用は認められません。

――実施に当たって課題はありますか。

小林さん　懸念は二つあります。一つは、適正公正な試験方法を、特にサイバー試験において確立する作業が技術的にかなり難しいと予想されること。もう一つは、試験に合格し得る運転技能の水準の決定です。ある程度の国際標準化が求められることになるでしょうから、国際的な交渉が必要になるでしょう。

——試験の実施母体は誰ですか。

小林さん　現行法制上、自動車のハードウエアについて安全基準を設け、その順守を監督しているのは国土交通省ですから、自動運転車についても、ハードウエアに関しては国土交通省の監督となるでしょう。

これに対して、人工知能の運転技能や交通法規順守の能力を試験することになる「自動運転車免許制度」は、人間と同様、警察の管轄となると見ています。

——国際的な制度設計の確立を待つ必要はないのでしょうか。

小林さん　この制度は、日本国内の公道を走行する自動運転車を対象とするので、どのような制度設計をするかは日本が独自に決めることになります。もちろん、国際標準化も並行して進める必要があります。国内的に高い安全基準を確立できれば、国際競争でも優位に立てます。

自動運転車免許制度の新設と保険制度の見直しは、一緒に議論すべき

——自動運転車免許制度が実施されてメーカーが免責になったとき、事故被害者の救済はどうあるべきでしょうか。

小林さん　現行法上、交通事故の被害者が救済を受けるためには、加害者の過失またはクルマの欠陥を証明する必要があります。任意保険金の支払いも、加害者側に過失のあることが前提となっています。

しかし、自動運転車の人工知能の「過失」や「欠陥」を被害者に証明させるのは、事実上不可能です。だからといって、被害者に泣き寝入りをさせたのでは、「自動運転車に轢かれた方が損」ということになりかねません。そうなれば、結局、自動運転車は社会に受け入れられないでしょう。

こうしたことから、自動運転車が起こした事故の被害者に対しては、人工知能の「過失」や「欠陥」を証明しなくても、救済を受けられる保険制度が必要になると考えます。具体的には、事実上の無過失責任として運用されている自動車損害賠償保障法（自賠法）に基づく自賠責保険と、対人・対物保障無制限の任意保険をかけ合わせた保険制度になるのではないでしょうか。

自動運転社会を実現するには、安全性が確認された自動運転車だけに走行を許すことに加えて、万一の被害者救済にも十分な手当てが必要です。自動運転車免許制度の新設と保険制度の見直しは、個別に議論すべき部分は多いものの、自動運転車の普及と被害者の救済を両立させるという観点から見ると、一緒に議論すべきテーマだと考えます。

初出一覧

第二部のインタビューは、日本経済新聞の連載コラム「自動運転が作る未来」に掲載した内容を、２０１８年4月時点の事実関係に照らして一部修正し、表記方法を見直したものです。

- ●トラック運送業、自動運転「大歓迎」も実現に長い道（２０１６年8月3日掲載）
- ●カーナビ企業が語る、自動運転「デジタル地図の重要性」（２０１６年8月17日掲載）
- ●求む「いいかげんなＡＩ」、道交法守りつつ周囲に順応（２０１６年9月21日掲載）
- ●自動運転時代へ、必須になる電子制御の「ソフト更新」（２０１６年11月9日掲載）
- ●ウーバーと自動運転が迫る「モビリティビジネス革命」（２０１６年11月30日掲載）
- ●クラウド地図構築で存在感、ＨＥＲＥが見通す自動運転時代（２０１７年4月4日掲載）
- ●自動運転だけじゃもうからない　鍵は「コネクテッド」（２０１７年6月23日掲載）
- ●自動運転に求めるのは「履歴」　事故原因の解析現場（２０１７年8月10日掲載）
- ●自動運転の盲点「レベル」の進化と安全性は別もの（２０１７年9月1日掲載）
- ●「運転シーン」のＡＩ認識で予測精度向上へ（２０１７年9月5日掲載）
- ●コマツ、建機のＩＴ化から見える自動運転の未来（２０１７年10月5日掲載）
- ●無人化だけでは不十分、ハードの売上激減に備えよ（２０１７年10月12日掲載）
- ●人と同じく自動運転車にも免許制度を、弁護士が提言（２０１８年3月28日掲載）

おわりに

クルマの運転は、世界中で日常的に行われている身近な行為です。誰もが安全運転を心がけていますが、安全運転の難易度は、そのときどきの運転環境で変わってきます。私は週末しかクルマを運転しませんが、近所の道は毎週走っているので、どこにどんな危険が潜んでいるのかの見当がつきます。これに対して、レンタカーを借りて初めてのクルマで知らない道を走るときは、道にも操作にも慣れていないので、とても緊張します。第二部で新先生が教えてくれた「雨の道」「夜の道」「知らない道」のときは、マイカーを運転しているときでも慎重になります。事故を起こしたことはありませんが、隈部さんが指摘された「ヒヤリハット」の経験はたくさんあります。クルマの運転は楽しいですが、危険と隣り合わせであることを、週末ごとに感じているのが正直なところです。

そんな私が自動運転車の今と未来を皆さんにお伝えしたいと思ったのは、私が所属するクリーンテック ラボが掲げる「社会課題の解決」に関する調査・研究活動を進める中で、自動運転車の活用がさまざまな社会課題の解決につながることを強く思うようになったからです。

社会問題の中で特に危惧しているのは、高齢化に伴う〝移動弱者問題〟です。私の実家は青森県の地方都市にあります。年に数回帰省するのですが、私鉄が廃線になったこともあり、新幹線の最寄り駅や空港からはタクシーかレンタカーがなければ移動できません。何より、クルマがなければ日常生活を過ごすのも大変です。大都市周辺と違って、電車や地下鉄がない上に、バスとタクシーが十分に整備されていないからです。このため、スーパーにも銀行にも役所にも、クルマかバイクか自転車で行くことになります。病院や介護施設に出かけるならクルマが欠かせません。クルマがなければ不便な生活を強いられるのです。きっと多くの地方都市が同様の悩みを抱えていることでしょう。もし、手軽に利用できる自動運転車があったなら――。

本書でお伝えしたとおり、自動運転は発展途上の技術ではありますが、用途を限定すれば、社会生活の中に取り入れられるところまで、技術開発が進んでいます。できるところから小さな規模で自動運転車の活用を始め、ときどき後戻りしたとしても、少しずつ利用場面を増やしていくことが身近な社会課題を解決する近道ではないかと思っています。

本書の発行に当たって、多くの方々にお力添えをいただきました。書籍執筆を勧めてくださった日経ＢＰ総研の望月洋介所長、クリーンテック ラボの河井保博所長、いつも素早く的確な業務支援で執筆作業に集中させてくれたアシスタントの植田智子さん、厳しいスケジュールに迅速なプロの作業で応えてくれたアーティザンカンパニーの谷敦さん、わがままなリクエストを美しい装丁デザインに盛り込んでくれたｔｏｂｕｆｕｎｅの小口翔平さん、喜來詩織さん、五月雨式の原稿提出にもかかわらず丁寧な校正作業で助けてくれたあかえんぴつの徳広正義さん、藤平和良さん、そして書籍発行全般について指導してくれた中川ヒロミさん、西正良子さん、心より感謝いたします。ありがとうございました。

読者の皆さんにとって、自動運転車が身近で便利な乗り物になりますように。

２０１８年6月　林　哲史

林 哲史

日経BP総研　クリーンテック ラボ　主席研究員
1985年東北大学工学部卒業、同年日経BPに入社。「日経データプロ」「日経コミュニケーション」「日経NETWORK」の記者・副編集長として、通信/情報処理関連の先端技術、標準化/製品化動向を取材・執筆。2002年「日経バイト」編集長、2005年「日経NETWORK」編集長、2007年「日経コミュニケーション」編集長。その後、「ITpro」、「日経SYSTEMS」、「Tech-On!」、「日経エレクトロニクス」、「日経ものづくり」、「日経Automotive」などの発行人を経て、2014年1月に海外事業本部長。2015年9月より現職。2016年8月より日本経済新聞電子版にて連載コラム「自動運転が作る未来」を執筆。2016年12月に「世界自動運転開発プロジェクト総覧」、2017年12月に「世界自動運転/コネクテッドカー開発総覧」を発行。2011年よりCEATEC AWARD審査委員。

Q&A形式でスッキリわかる 完全理解 自動運転

2018年 6 月 4 日　　第 1 版第 1 刷発行

著　者　　林 哲史
発行者　　安達 功
発　行　　日経BP社
発　売　　日経BPマーケティング
　　　　　〒105-8308　東京都港区虎ノ門4-3-12
装　丁　　小口翔平＋喜來詩織（tobufune）
制　作　　アーティザンカンパニー
印刷・製本　図書印刷株式会社

ISBN978-4-8222-5745-3

本書籍に関するお問い合わせ、ご連絡は下記にて承ります。
http://nkbp.jp/booksQA